掌控你的心理与情绪

高情商者如何自我控制

叶漱 著

中国法制出版社
CHINA LEGAL PUBLISHING HOUSE

前言

多年之前，在我开始从事心理咨询行业时，我经历过很多困难的时刻。每当我遭受一些情绪的困扰时，我总想，要是有人能够告诉我该怎样做就好了。这也是我写这本书的初衷，尽管我所写的东西不一定适用于所有人，但是我依然希望所写的东西能够让读者有一些领悟，哪怕是只有一段文字帮助到读者，也足够了。

在我刚开始工作的时候，遭受着北漂的压力。生活和工作的压力，让我一度陷入抑郁的状态。然而，我很感谢那段时间。

虽然我从本科开始就读心理学专业，但是教科书上的知识和生活的样子毕竟有很大的差异。而那段抑郁的时间让我对自己，也对我想要的生活有了更多的体悟。正是那段时间的经历，让我真正领悟到心理咨询的核心：**来访者的生命力**。

对于心理咨询师来说，相对成熟的人格、敏锐的洞察力、良好的共情能力……这些都可能成为影响咨询效果的因素。但是无论心理咨询师有多"好"，咨询的主体永远都是来访者。心理咨询师可以是倾听者、陪伴者，但不会是主角。很庆幸，我遇见的来访者都有能让自己走出困境的生命力。

其实生活中每个人都会有负面情绪，并且我相信每个人都能

掌控你的心理与情绪
高情商者如何自我控制

够通过自己的方式走出困境。这本书分别从抑郁、焦虑、愤怒、恐惧、无助、孤独等负面情绪入手,选择了一些常见的角度进行阐述。我希望能和读者有一些思想上的碰撞,任何观念上的升华都不是只靠闭门造车就能实现的。

在每一个小节,我都讲了一个咨询中的真实案例。案例都经过了一定的加工,力求不对来访者造成困扰,讲明我的观点即可。在写这本书的时候,我尽量让我的语言通俗易懂。书中提及一些心理学和哲学的相关名词,我都在后面做了注解。我希望即使是从未接触过这个领域的人也能毫不费力地理解。

另外,我要感谢在我创作这本书时,给过我支持的朋友。很感谢我的好朋友,也是合作伙伴史俊慧女士,在我完成书稿的过程中,我们有很多交流,她也给了我很多专业上的建议和支持。还要感谢未铭图书主编黄磊先生,感谢他在写作上给我的建议,以及在出版方面的帮助。

当然,最需要感谢的是这些年和我一起工作过的来访者,是他们让我有更多的领悟,也让我在专业的道路上不断前行。

最后,衷心地希望读者能够从我的文字中有所收获,这会是一个写作者最大的荣耀。

叶波
2021 年 8 月

第一章　每个人都会情绪低落，少数人能将影响降到最低　/ 001

为什么不好的那个总是我　/ 003

微笑抑郁症：当我说"我很好"的时候，其实在说"救救我"/ 010

无意义是人生的开始，而不是结束　/ 015

死亡凸显效应："唉，其实也没什么好遗憾的"　/ 022

虚假希望综合征：短时改善心情，但是千万别依赖　/ 028

【自我评估】抑郁自评量表（SDS）　/ 035

【心理调节】情绪低落时的快速调整方法　/ 038

第二章　你所担忧的事，绝大多数都不会发生　/ 043

焦虑蔓延：如何停下止不住的焦虑　/ 045

预期性焦虑：为什么你总是担心坏事发生　/ 052

幸存者偏差：你所担忧的事情，绝大多数都不会发生　/ 058

致命的焦虑：别人不干你不开心，别人干了你不放心　/ 064

【自我评估】焦虑自评量表（SAS）　/ 070

【心理调节】战胜忧虑的心理学技巧　/ 073

001

掌控你的心理与情绪
高情商者如何自我控制

第三章	当你怒不可遏时，这些方法可以帮你平静下来	/ 079
	愤怒表达：所有坏情绪都应该正确地表达	/ 081
	你以为是在发泄愤怒，结果却是火上浇油	/ 088
	被动攻击：充斥着愤怒的糖衣炮弹	/ 095
	面对全面否定式愤怒，我们该如何处理	/ 102
	环境隔离：跳出来就是天堂	/ 109
	【自我评估】诺瓦克愤怒量表	/ 116
	【心理调节】控制愤怒的心理学技巧	/ 119
第四章	直面内心的恐惧，才能拥有幸福的人生	/ 123
	为什么我们总是感到恐惧	/ 125
	墨菲定律：你越害怕，就越容易得不到	/ 131
	社交恐惧：直面恐惧，赢得幸福人生	/ 138
	婚前恐惧症：每次退缩都在为幸福积蓄力量	/ 144
	直视骄阳："征服"对死亡的恐惧	/ 151
	【自我评估】恐惧情绪测试	/ 158
	【心理调节】直面恐惧的那些心理学疗法	/ 161
第五章	那些曾让你无助的时刻，现在有变化了吗	/ 165
	再来一次，你还会选择现在的人生吗	/ 167
	反态心理：明明很喜欢，却不敢靠近	/ 173
	话不说出口，没人能了解你的委屈	/ 180
	斯德哥尔摩效应：持续被虐待，却越来越离不开	/ 187
	我和来访者说，请你帮帮我	/ 194

【自我评估】内心空虚感测试　　/ 200

　　【心理调节】一句话解释那些困惑你的人生问题　　/ 202

第六章　如果孤独不可避免，我们应该如何应对　　/ 205

　　存在孤独：难以避免的人生命题　　/ 207

　　生活中的很多苦痛都是多余的　　/ 213

　　内疚感：让人丧失动力的罪魁祸首　　/ 220

　　如何走出人生的至暗时刻　　/ 226

　　超越孤独：生命中不能承受之痛　　/ 232

　　【自我评估】UCLA孤独感量表　　/ 239

　　【心理调节】导致痛苦人生的7味毒药　　/ 243

第七章　这些有害情绪，正在逐步吞噬你　　/ 247

　　为什么我们会无缘无故地讨厌一个人　　/ 249

　　为什么别人成功的时候我们不好受　　/ 256

　　负面情绪下，不要轻易做决断　　/ 262

　　掌控体验：消除那些无力感　　/ 268

　　被讨厌的勇气：一次找寻自我价值的探险之旅　　/ 275

　　【自我评估】贝克抑郁清单（BDI）　　/ 282

　　【心理调节】摆脱消极情绪的6种习惯　　/ 288

第一章

每个人都会情绪低落，少数人能将影响降到最低

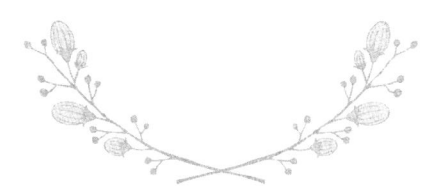

为什么不好的那个总是我

"拒绝任何人都让我觉得自己是有罪的。"

我时常在咨询中听到这样一句话，明明想要拒绝对方，在开口的时候却总是回答"好"。这背后的心理机制大概是：我要不断地满足别人，才能让别人喜欢我。这实际上指向的是极低的自我价值感。

这和抑郁型人格的表现很像。如果我无法满足对方，我就会体验到自己是不够好的，接着我就会开始自我攻击，感到内疚。这种状态被称为"内射型抑郁"[1]。

抑郁型人格的形成源于婴儿早年与养育者分离得太早，如果一个妈妈过早地丢下婴儿去做其他事情，如工作，那么婴儿体验到这种"分离"之后可能会得到两种结论："我不够好"或者"我的能力不够"。

体验到"我不够好"的婴儿会固化这种认知，接着陷入无尽的自我指责中；体验到"我的能力不够"的婴儿也会固化这种认知，并陷入对自己需求关系的羞耻感中，因为在他们心中，有需求是一件羞耻的事情。这种对自己的指责会促使一部分人更加努力，成就社会意义上的高价值，但是这不代表他们不痛苦。

实际上抑郁从动力学的角度来讲，是指向自恋的。一个人只有全然地"恋"上自己，才会把所有的能量指向自己。这里所说的能量包括喜爱与苛责。

事实上，我们大多数人或多或少都会有"抑郁"的情绪，这也不总是一件坏事。因为每个人都爱自己，不管是多还是少，一个人只有爱自己才能活下来。抑郁能让我们与自己的感受更加贴近，对事物的感知更加敏感，有更高的觉察力。其实，气质没有好坏之分，尽管我们在享受抑郁带给我们的敏锐的感知力的同时，可能也会遭受过多的敏感带来的痛苦感受。但是在遭受痛苦的时候，我们依然可以做一些调整，让自己不会始终沉溺其中。

咨询案例

小会，27岁，某互联网公司产品经理。

小会是家里的老大，在她1岁半的时候，家里迎来了弟弟。在重男轻女的观念影响下，全家人的注意力都被新降生的弟弟吸引了，因此小会从小就被忽视。不仅如此，成长中的小会也被要求事事让着弟弟。有好吃的，弟弟先吃；有好玩的，弟弟先玩。用妈妈的话说，女孩长大之后就要嫁人，不是自己家的人，只有男孩才能继承家业。

于是，在本应该无忧无虑的年纪，小会就成了一个很懂事的孩子。唯一一次小会和妈妈的争吵，是在她考上大学的时候，妈妈不打算让她继续读。后来还是爸爸实在看不过去，家里才答应给她第一年的学费，后续的学费需要她自己挣。

在这样的环境中长大，小会始终不敢相信自己是足够好的，尽管她在学校里成绩拔尖，年年都拿奖学金。毕业之后，小会进入了一家互联网公司做产品经理，她总能很精准地抓住客户的需求，又能很好地协调技术人员开展相关工作，每一个她经手的项目，结果都非常好。入职三年，她的工资翻了两番。

可是她一点都不开心。

她并不喜欢自己的工作，每一次和人交流她都觉得很累，每一次别人提出一个需求，即使她非常不情愿，也会装作很有兴致地去应对。她在咨询室里说得最多的一句话是，觉得自己快要疯了。

我问她，为什么不拒绝？她很吃惊，说自己从来没有想过可以拒绝别人，因为她从小就有一个观念：只有自己满足了别人，别人才会喜欢自己。被别人喜欢，自己才有价值。而让别人失望，是她不能接受的事情，因为那意味着自己没有价值了。

在后续的咨询中，我们开始深入了解这种无价值感。她说作为女生，本身就是没有价值的，这个观念已经在她的脑海中生根发芽很久了，久到已经深入骨髓。尽管她理智上知道这很可笑，因为她能做到的事情要比大多数男性优秀，但是她依然无法相信自己真的是优秀的。

事实上，价值感是一件比较虚无的事情，很难量化。我们花了很久的时间来谈论她的无价值无意义感的由来,在那种空荡荡的状态中她自己的感受是什么。她希望我能够赋予她价值,但是我并不能做到。我唯一能做的,或者说我们可以一起做的是,去发现其实她的存在本身就是价值。

动力学的咨询和治疗是一个漫长的过程,尤其是涉及人格层面的改变。截至我写下这个案例的时候,我们的咨询依然在继续。

在咨询的过程中,我能够做的很有限,不过通过接受她的理想化移情[2],我看到她内化了一些生而有价值的部分。也就是说,她开始慢慢相信自己是有价值的,而不像从小到大一直被灌输的那样认为,女性本身没有价值。

值得一提的是,在咨询的这段时间,她在生活中遇到了一个对于她来说非常重要的人——她的男朋友。在和男朋友的相处中,她从不相信会有人真的爱她,到慢慢开始相信。男朋友这个优秀的孪生自体客体[3],补充了她的自恋中缺失的那部分。

一段好的关系真的能疗愈一个受伤的灵魂。

如何应对自己的无价值感?

1.察觉自己在什么时候会感到无价值?

一个人并不是在所有时刻都觉得自己没有价值,这种感觉往往会集中在某一类事情或者某几类事情上,这时候就需要我们了解对自己的哪些部分不满意。

2.确认自己是不是真的做得不够好,还是仅仅是觉得自己做得不够好?

觉得自己做得不够好不总是一件坏事,因为这会给我们努力的动力。但是无论现实如何,总是苛责自己,感到痛苦和无价值,这就需要我们注意了。

我们可以通过向外求证,比如征询别人的意见;或者向内求证,与之前的自己对比,来发现自己体验到的痛苦和无价值感,引发它们出现的事情是真实存在的,还是我们臆想出来的。

3.面对无价值感,你可以做些什么?

想一想你是否能做些什么来避免这种无价值感,还是对此束手无策?

4.在你感到无助的时候,你有什么人或者什么地方可以依赖和信任吗?

你是否有一些可以依靠的人,或者可以去哪里做些什么,让自己感觉好一点?

5.在你感到安全的情况下,去体验自己的无价值感,体验一下自己有什么感受。

6.以往你怎样处理这样的感受?

回顾之前在你有这种感受的时候,你是怎样处理的,有没有一些好的经验。再次面对这种感受的时候,以往的经验也许能够帮助你。

7.记录你是如何处理这种感受的?

记录你的新的经验,和以往进行对比,发觉怎样做会让自己更舒服，并把这种更好的方式运用到以后再次体验到这种感受的情境中。

🗝 自我康复训练

1. 你在什么情境中会体验到无价值感？

2. 在你体验到无价值感的时候，你正在做什么？是你真的做得不够好吗？

3. 别人是如何评价你的？你自己呢？

4. 你之前有没有过做类似的事情时，自己觉得做得还不错的经验？

5. 如果有，当时是什么样的？你是怎样做到的？

6. 在你感觉到价值感的时候，你的感受如何？

7. 这种感受你可以分享给别人，让别人来做见证人吗？

8. 你可以怎样利用曾经成功的经验让以后的自己做得更好？

注 释

[1] 内射型抑郁：抑郁型人格的一种表现形式，其核心感受为内疚。个体体验到自己不够完美，没有照顾好别人而进行自我攻击。

[2] 理想化移情：在治疗中，病人将心理咨询师体验为无所不能的存在的一种移情反应。

[3] 自体客体：被经验为自体部分的人们或客体或为自体服务而用来提供自体发挥功能的人们或客体。

微笑抑郁症：当我说"我很好"的时候，其实在说"救救我"

"你看那个人，笑得好像一条狗啊。"

我想应该有不少人听过这句话，这是周星驰在《大话西游》中的经典台词。在大多数人眼中，周星驰是"喜剧"的代名词，活泼、无厘头，但是在日常生活中，他其实并不是那么"搞笑"。

知名乐队林肯公园的主唱查斯特·贝宁顿在家中上吊自杀，让全世界喜欢他的歌迷扼腕叹息，也让无数人感到不解。在这些人看来，外表英俊迷人、功成名就的查斯特·贝宁顿为什么会自杀？其实，因为抑郁症自杀的明星不在少数，他们在自杀前没有人认为他们会这样做，但是为什么他们偏偏选择了这样一条路？

我们常常把抑郁当作一种客观表现，在看到一个人情绪低落、思维迟缓、动力下降的时候，我们很容易判别他可能处在抑郁状态。但是，抑郁不是一种表现，而是一种心理状态。一个处于抑郁状态的人，很有可能表现得与常人无异，甚至在社会功能上比平均水平高。

第一章
每个人都会情绪低落，少数人能将影响降到最低

事实上，存在"显性"抑郁状态的人更能被周围的人理解和支持，而那些隐藏起来的微笑抑郁症者，往往会被周围的人忽视。甚至在他们无助地发出求助信号的时候，旁人也很难相信。

对于微笑抑郁症者来说，微笑是他们的盔甲，盔甲穿得久了，别人也就相信他本来就是一个强大的人了，即使在盔甲下的他，可能早已千疮百孔。而在悲伤难过时强挤出来的笑容，正在蚕食他们无助的心。也许我们有过这样的体验，在无比低落的时候，试着让自己乐观起来，但是背后没有乐观的支撑，导致的可能是在那之后更加沉重的孤独和抑郁，于是越陷越深，难以自拔。

因为示弱而觉得羞耻，因为不够友善而觉得会被别人排斥，因为曾经的呼救无人回应，这些都会导致一个人成为微笑抑郁症者。真正的悲伤很难言表，因为他们不相信这种悲伤能够被人理解、接纳。掩藏在"我很好"之下的其实是一声声"救救我"。

咨询案例

阿华，男性，40岁，某国企中层管理人员。

在阿华第一次进入咨询室的时候，我就很喜欢他。干练的样子，配上一张带着和煦笑容的脸，谁能不喜欢呢？第一眼看到他，我就觉得他在生活中一定是一个特别和善的人。事实也是如此。

在工作中，同事和领导都喜欢阿华；在生活中，阿华是那个让家人满意、被朋友信任的人。事实上，阿华曾经以此为荣。可是随着年龄越来越大，他发现自己越来越难以照顾到身边的每个

人。也许是因为精力越来越有限,也许是因为他内心真实的部分开始觉醒,每当他忽略自己的意愿去满足别人的时候,都觉得异常的疲惫。他在咨询室里告诉我,不管在生活中还是在工作中,他现在都开始尽量避免和别人接触,因为如果那样做,就意味着他又要戴上那个"笑眯眯"的面具,而那个面具很沉,压得他快喘不过气来了。最近,这种情况越来越严重,最难受的时候他想和单位请假,把自己关在屋子里,没有力气做任何事情。

在阿华和我讲这些的时候,我很难把这一切和他的样子联系起来。尽管自己如此难受,他依然在外人面前表现得彬彬有礼。如果是在一个社交场合,我想我一定会非常喜欢阿华,就像我对他的第一印象那样。

阿华告诉我,他从未和任何人诉说过自己的痛苦,选择来到咨询室也只是抱着试试看的心态。是啊,他很难相信如果他真的把自己的痛苦讲出来,别人能够理解他。

我鼓励他在咨询室里诉说自己的感受,尽管这对于他来说并不容易,但是在他第一次讲出来,并且没有感受到异样的目光之后,他开始慢慢地把自己真实的样子展现出来。在他讲述自己无力的时候,我发现我们的心终于在一起了。他不再是那个装出来的"完美的人",而是一个内心有着很多矛盾和纠结的普通人,但是这个普通人比他之前完美的样子可爱得多。

在和阿华的咨询过程中,我只是运用了心理咨询中最基本的态度——接纳与共情。

如果一个人从未体会过自己的情绪感受可以被另一个人完全接纳,那么他就越发不敢在别人面前展现真实的样子;相反,如果一个人有很多被接纳的经验,那么他会更加倾向于真实地活着。不得不说,真实地活着更自在,不需要刻意地压抑,也不需要过分地伪装,无形中节省了很多精力。

一段咨询关系之所以能疗愈人,最重要的部分在于,咨询关系是与来访者和生活中其他人的关系截然不同的一种关系。在咨询关系中,来访者体验到母亲般的温暖和父亲般的坚定,这些都是最本初的使人成长的力量。

在痛苦难以言表时,如何向人求助?

1.停下你正在做的所有事情,觉察自己的感受。

有时候我们会用"忙"去逃避自己的感受,但这只是治标不治本的方法。你能沉浸在自己的感受中,是疗愈痛苦的开始。

2.想一想这种感受带给你什么影响。

你正在经历的痛苦可能会怎样影响你?请思考,并将其记录下来。

3.找到那个能够帮你消除这些影响的人。

回顾过去的经验,找到那个能帮你缓和这些不好影响的人。他不一定是完美的,不一定能够帮你解决所有问题,但他一定是你在当下能够信任的。

4.向这个人求助,请求他从现实层面帮助你。

对于大多数人来说,相比表达感受,去与人讲述一件现实的事情更加容易。如果你还无法将自己的感受告诉别人,那么借由具体的事情来讲,是一个不错的选择。

5.积累这种在困境中能够得到别人帮助的经验。

6.也许最终你能够在讲述具体事情的同时,把你的感受也讲出来。

自我康复训练

1.最近你有没有什么不能和人说的不好的感受?
____

2.这种感受是什么?
____

3.你觉得这种感受带给你什么不好的影响?
____

4.如果有不好的影响,你是否想要解决它?
____

5.你的什么特质可以帮助你解决这个问题?
____

6.有没有一个人能在解决这个问题上帮助你?
____

7.如果你需要向一个人求助,你会怎样开口?
____

(此测试结果仅供参考,不代表临床诊断)

无意义是人生的开始，而不是结束

"人之存在，并无预设的意义，而这恰恰是最积极的人生意义。"

写下这句话之后，我对着屏幕发呆了很长时间。其实也不是在发呆，而是在思考：我为什么要做我当下正在做的这件事情？

人生的意义是什么，这是一个深刻的哲学问题。我相信很多人都思考过这个问题，但是也许很少有人能够得到一个真正的答案。如果我们深陷于这个问题无法自拔，就会陷入虚无主义[1]，觉得人的存在毫无意义。但如果换一个角度来理解，人生而无意义不是一件坏事，如果人的存在先于本质，那就意味着我们可以选择赋予人生我们想要的意义。这也是存在主义哲学[2]的核心观点之一。

在咨询中，我常常遇到这样一类人，因为觉得人生毫无意义而陷入抑郁情绪中。他们想要逃离这种状态，却没有方向。之所以会出现这样的情况，是因为他们有一个假设：无意义是一件不好的事情。但重要的不是人生是不是有意义，而是一个人想赋予人生什么意义。

就像一棵小树长成大树之前，它仅仅是一棵小树苗。如果我们一直哀叹它经不住风雨的侵蚀，经不住病虫的损害，而不是积极地帮助它除虫浇水，那么也许它真的会夭折。如果我们相信它会长大，并且为了这个目标去做一些努力，那么它就有更大的概率长成一棵参天大树。

在日本，有一个被称为"苹果之神"的老人——木村秋则。他种出了放置两年都不会腐坏的苹果。他坚持不用农药，不用化肥，用自然的方法让苹果树生长，历经了10年，终于培育出这种神奇的苹果。这10年间，他因为没有任何收获而穷困潦倒。但是他从未放弃，因为他坚信自己的选择。旁人劝阻他，嘲笑他，他也从未动摇，终于10年之后，他培育出的苹果一举封神，风靡日本。如果不是他最后成功了，旁人很难相信那个魔怔了一般对着苹果树道歉和祈祷的老人会是后来的苹果之神。

村上和雄[3]有一本书叫《聪明人帮你，愚钝神帮你》，书名就诠释了人生的真谛。撞了南墙也不回头，始终坚定地相信自己赋予的人生意义，最终才会实现这个意义。也许开始的时候，会有很多人跑在你前面，回头告诉你路要怎样走，可是只要你坚信你的选择，那么在人生的后半程就可能出现奇迹。因为每个人有自由选择的权利，而且，每个人自己的选择才是最适合自己的。

第一章
每个人都会情绪低落，少数人能将影响降到最低

咨询案例

大龙，男性，26岁，应届研究生毕业，待业。

刚离开象牙塔步入社会，大龙很不适应。其他同学都陆续接到了工作录取通知，奔赴了自己想去的地方，但是大龙很迷茫，他不知道自己该去哪儿，该做什么。

毕业之后，大龙在家里宅了两个月，他和家里说要考博士，要好好复习。但是他告诉我，实际上他每天都只是对着书本发呆，要不就是刷手机，一点都学不进去。

他一直都在问我一个问题，是应该继续考博士，还是应该像其他同学一样去工作。也许这个时候他希望我能够替他做一个决定，这样他就不需要面对选择，也不需要为选择之后可能的结果负责。但是我没有办法替他决定，也不可能有人能够替他决定，因为伴随着他整个人生的，只有他自己。我和他说，我看到你正处在一个纠结的状态里，好像两个都想要，又好像两个都不想要。

听了我的话，大龙愣了一下，他说自己纠结的点一直是选择接下来怎样过，是继续读书还是去工作，但是他从来没有想过，也许这两个都不是他想要的。

后来，大龙告诉我，他从小的生活和学习都被安排得明明白白，哪一段时间应该读书，哪一段时间可以休息，去什么学校，学什么专业……这些他从来没有发言权，后来他就习惯了这种生活。现在真的需要他自己做选择了，他很慌张，害怕自己的选择是错的，所以迟迟无法决定。

其实在大龙无法选择的背后,是一种恐惧。他恐惧未知,恐惧那些未知里他无法掌控的东西,他体会到一种沉重的失控感。他既想要控制接下来自己生活的走向,但是真的到了选择的时候,他又发现自己不知道怎样做。

在后面的咨询中,我们不断徘徊在失控和不稳定中,比如他会经常迟到,有时会缺席。他尝试通过这样的方式去掌控咨询的节奏,但同时,他也试着用这样的方式学习掌控自己。终于有一天,他在咨询时告诉我,他能够认真地看书准备考试了。在那年的考试中,他也如愿以偿成为自己心仪的导师的学生。

从现实的角度来讲,大龙完全有能力选择一份不错的工作或者考到自己心仪的导师门下。牵绊他的不是他不够厉害,而是他始终不相信自己可以。

在他开始相信自己,相信每个人都可以自由选择自己的人生之后,那些摆在他面前的问题就迎刃而解了。

如何找到自己的人生意义?

1. 列出你渴望做的所有事情。

每个人的人生意义都是自己赋予的,而在我们赋予自己人生意义之前,某种意义可能早已存在于我们的期待里。

2. 将这些事情分别归类。

把你的期待归类,哪些是可以实现的,哪些是很难实现的。

找到那个你最希望实现并且坚信自己能够实现的期待。

3.列出为了实现这个期待,你曾经做过的有效的努力。

达成期待不总是一件容易的事情,也许需要你不断调整自己的行为和姿态,为了实现这个期待做些改变。

4.记住,你的选择就是最好的选择。

没有人比你更了解你自己,你做的所有选择都是当下最好的选择。如果你坚信你的期待能够实现,那么它就一定能够实现。

5.去做吧,像每一天都是第一天一样。

保持热情,保持相信,你终究能够实现你的期待。

自我康复训练

1.你觉得现在你的人生中,最有意义的是什么?

2.这个意义是你自己选择的吗?

3.如果不计较现实因素,你最想实现的期待是什么?

4.如果加上现实因素,你觉得你能够实现这个期待的可能性有多大?(0%—100%)

5.假如可能性不是0%,你觉得你做什么可能让这个期待实现呢?

6.你的这种做法是可以复制的吗？

_____

7.你是否愿意为了自己的期待多做一点？

_____

8.找到那件你愿意为它的实现多做一点努力的事情，也许那就是你真实的期待。

_____

最后，分享一些心理学家的人生箴言。

意义来自归属感，致力于超越自我之外的事物，以及从内在发展出最好的自己。
——马丁·塞利格曼（积极心理学创始人之一，著名学者，临床咨询与治疗专家）

应付生活中各种问题的勇气，能说明一个人如何定义生活的意义。
——阿尔弗雷德·阿德勒（奥地利精神病学家，人本主义心理学先驱，个体心理学创始人）

耐心镇静地接受世事变迁，是最好的处事之道。
——卡尔·荣格（瑞士心理学家，创立荣格人格分析心理学理论）

注 释

[1]虚无主义：由弗里德里希·海因里希·雅各比（1743—1819）引入哲学领域。作为哲学意义，其认为世界，特别是人类的存在没有意义、目的以及可理解的真相及最本质价值。

[2]存在主义哲学：当代西方哲学主要流派之一。存在主义以人为中心、尊重人的个性和自由。人是在无意义的宇宙中生活，人的存在本身也没有意义，但人可以在原有存在的基础上自我塑造、自我成就，活得精彩，从而拥有意义。

[3]村上和雄：生于1936年，日本著名生物学家。从1978年开始，在日本筑波大学应用生物化学系任教授，从事遗传基因研究。1983年成功破解造成人体高血压的基因元素——肾素，引起国际基因研究领域极大关注。1996年，获得日本学士院奖。

死亡凸显效应："唉，其实也没什么好遗憾的"

当一个人面临死亡时，他会想些什么？他会因为此生有遗憾而悔恨，或者因为回想起一生中幸福的经历而安详地离去？如果没有切身的经历，只是凭借想象可能很难说清楚。

在很多文艺作品中，上述的两种情形其实都很常见，它们也是人们对濒死体验的艺术性想象。但实际上，如果我们了解人的心理是怎样运转的，我们也可以推断出在濒死时，人的内在心理过程是怎样的。

人对死亡有一种原发性的恐惧，这是人的生物性本能所决定的。但是对于恐惧这种负面情绪，人会在心理上排斥。因为恐惧会引起人的不适，而生物本能使每个机体应对不适时，本能地想要消除它。所以在面对恐惧时，我们内在的心理机制开始工作，通过各种心理防御机制，使恐惧引发的不适"消失"。

这些心理防御可能是否认：如果我不承认恐惧的存在，那么我就不需要面对恐惧引发的不适。可能是压抑：如果我装作看不见恐惧的存在，那么我就不需要面对不适。可能是合理化：如果这种恐惧引发的不适有合理的解释，那么我就不会不适……

第一章
每个人都会情绪低落，少数人能将影响降到最低

在这样的过程中，机体通过心理防御机制保证其正常、持续地运转。而通过这样的心理过程，也有心理学家和社会学家总结出在人面临死亡时，他们的情绪体验的假设——死亡凸显效应[1]：由死亡引发的负面情绪激活了机体内在的心理防御机制，使机体选择性"忽略"人生中遗憾的部分，关注人生中积极的部分，使其自尊得以保全。

为了验证这个心理过程，瑞士巴萨尔大学的研究者做了一个实验。83名被试被分为死亡组和牙疼组两组，实验者要求被试分别执行唤起其死亡体验与牙疼体验的任务。死亡组要执行"简短描述当你死亡时你所体验到的情绪"以及"尽可能多地列出当你死亡时，将会发生的事情"的任务，而牙疼组则需要执行可唤起其牙疼体验的任务。在被试被唤起体验之后，需要分别在想象的两种体验中在16个"遗憾事件"中选择其正在经历的。

实验结果表明，死亡组选择的"遗憾事件"数目明显低于牙疼组。而这也使他们得出结论：当人们体验死亡时，他们不再敏感于那些让人遗憾的事情，对遗憾的承受阈限提高了。

其实人的心理防御机制不仅仅在面临死亡时发挥作用，在任何时候它都发挥着重要的作用。它就像内在心理系统中的"白细胞"，时刻维护着我们内在心理过程正常进行。

在心理治疗的过程中，有的人可能会觉得防御是一件坏事，因为它阻碍着人的意识与潜意识连接。但每个人的心理防御对其

都很重要,心理治疗要做的不是去破坏防御,而是通过咨访双方的共同努力,将部分"孱弱的白细胞(原始性的防御机制)"发展为"健壮的白细胞(适应性的防御机制)"。

咨询案例

小七,女性,27岁,某肿瘤医院乳腺癌患者。

小七在被确诊为乳腺癌之后,经历了一个漫长的对自身健康状况和可能出现的死亡恐惧的过程。本来在积极接受治疗的情况下,病情已经好转,但是在一次复诊之后病情复发。接下来她面对的将是乳房切除手术。

小七尚未结婚,有一个交往了5年的男朋友,本来两人前一年就已经定了婚期,但因为小七的病情耽搁了。在小七病情初次好转之后,两人约定年底结婚,但是肿瘤的再次复发,把小七的心理彻底地击垮了。她出现了严重的抑郁状态。

在我和小七进行了一段时间咨询之后,有一次小七声泪俱下地说:"其实我现在一点都不害怕死亡,一想到自己做完手术的样子,我就觉得自己配不上他。尽管他说对我不离不弃,可是我对自己一点自信都没有。如果我不再是一个完整的女人,把这部分展现给他,那还不如让我去死。"

事实上,小七的病情在手术之后有很大概率能痊愈,而且手术后如果恢复情况良好,是可以进行乳房再造的。但是在心理上,小七内心正面临着翻天覆地的变化。小七觉得乳房被切除

第一章
每个人都会情绪低落，少数人能将影响降到最低

了，自己作为女性的部分就不完整了，进而在和另一半的交往中，表现得非常自卑，总是觉得自己配不上对方。

在咨询的过程中，我们首先将着眼点放在当下小七面对的情绪上。在几次咨询过后，小七意识到如果为了更好地活着，手术不可避免，她需要去面对它，而自己更好地活着才能让另一半不再担惊受怕，才会有将来的幸福。

在认知层面调整了心态之后，小七进行了手术。手术很成功。

手术之后的咨询我们着眼于希望重塑。我们回顾了小七和另一半交往的点点滴滴，小七意识到不管自己变成什么样子，对方都是爱自己的。在有了这一部分外在资源之后，我们开始更多地发现，其实在生活中还有很多人爱她。不管是家人还是朋友，大家都希望她好起来，也没有因为她切除了乳房就对她有偏见。随着咨询进程的发展，小七对未来越来越憧憬，抑郁的状态慢慢好转。

后来，小七接受了乳房重塑手术，手术也很成功。她和另一半如愿以偿地进入了婚姻，婚后的生活很幸福。生活顺遂了，也使她的心理状态更好，身体状态也一直保持着健康。

在上述案例的治疗过程中，我们从现实问题出发，先在认知层面塑造防御机制，帮助患者应对接下来要发生的现实事件。后面运用了叙事治疗[2]的方式，帮助患者寻找其内在的心理资源，扩大积极的自我认同部分，进而使患者达到自己解决内心困扰的结果。

面对遗憾，如何应对？

1.降低遗憾事件的严重程度，使其普遍化。

告诉自己遗憾事件也许没有那么严重，那可能是每个人生命中都会经历的过程。

2.在负面事件中找寻例外。

即使一个人再倒霉，也曾有过幸运的时刻，倒霉中也存在幸运。你觉得在你面临的负面事件中存在怎样的幸运时刻？在你的幸运时刻，发生了什么？那个时候你的感受和体验是什么？你的什么特质让自己获得了幸运？

3.扩大例外，对负面事件进行积极的解释。

放大你的幸运，并用幸运覆盖负面事件。如果你的特质让你获得了幸运，那么你还能获得怎样的更多的幸运？这种幸运将怎样影响你正在经历的事情？

4.以积极的态度展望未来。

如果将来再遇到类似的事情，你可以怎样利用自己的特质，让自己获得一个更好的结果？

⚿ 自我康复训练

1.在你的人生中，你所经历的最大的遗憾是什么？

_____

2.在那个遗憾事件中，你觉得有没有什么部分是积极的？

3.体会那个积极的部分,你有怎样不同的感受?

4.你身上有怎样的特质,让你能够经历这样积极的部分?

5.你可以如何利用自己的特质,让自己获得更多积极的体验?

注 释

[1]死亡凸显效应:死亡凸显效应是恐惧管理理论重要的假设之一,指个体在死亡凸显后出现的世界观防御、自尊寻求等一系列心理防御现象。

[2]叙事治疗:叙事疗法是受到广泛关注的后现代心理治疗方式,它摆脱了传统中将人看作问题的治疗观念,通过"故事叙说""问题外化""由薄到厚"等方法,使人变得更自主、更有动力。

虚假希望综合征：短时改善心情，但是千万别依赖

"白日梦永远比实际行动省力得多。"

明天要考试了，好焦虑啊，怎么办？想象一下考得很好，被周围人夸赞的场景，就不焦虑了。好吧，把书本放下，可以去睡觉了。

今天没去健身房，还多吃了一个鸡腿，好罪恶啊，说好的瘦下来呢？想一想自己瘦下来的样子，想一想自己将来健美的身材，这样想想还挺美好的。今天就不锻炼了。

周围的人都在加油充电，听说小A每周都要读一本书，不行，我得制订一个读书计划，就从每周读两本书开始吧。想象一下半年之后和同事朋友侃侃而谈，接受他们崇拜目光的场景，心里美滋滋的。好了，今天可以去睡觉了，明天再开始读书。

以上这三种情景是不是经常在我们的生活中发生呢？想象明天美好的场景会让我们缓解当下的焦虑，但是如果我们不去行

第一章
每个人都会情绪低落，少数人能将影响降到最低

动，这种"美好"也不过是镜花水月。不仅如此，这种白日梦会制约我们真的去努力，因为在想象中我们已经完成了，不必再去努力。白日梦总是比实际行动省力得多。

有这样一种状态，叫作"虚假希望综合征"，说的就是上述情形。人在失落的状态中，会面临很多的负面情绪，为了缓和这种负面情绪带给自己的影响，机体的内在心理机制会"创造"出一种虚假的希望，这种希望往往和未来可能出现的美好场景相关，在这样的希望下，机体就可以避免体验负面情绪，而被美好充满，这样就防御了负面情绪带给机体的痛苦体验。但这种想象的美好往往是无根之萍，经不起推敲，只能在当下让情绪缓和，但是不能解决实际问题。也许在第二天起床之后，这样做的人会面临更严重的负面情绪。

在失落的时候，保持乐观当然是一件好事，这可以避免我们一蹶不振。但是如果我们每天都只是在做白日梦，那么不管我们多么乐观，最终依然会陷入无助的旋涡中，无法自拔。虚假希望综合征的人们，往往会陷入一个循环：情绪低落—幻想美好—决心改变—改变失败—情绪低落……

如果一直持续在这样的恶性循环中，这个人可能再也无法上岸。只有当我们在体验当下的负面情绪之后，对改变现状有一些具体的认识，才可能走出这个怪圈。白日梦不是原罪，知道自己身陷困境还欺骗自己一切还好，才是最大的错误。

咨询案例

小孙，男性，17岁，高三学生。

两年前，刚过完新年，小孙来到了咨询室。和很多中学生不太一样，小孙是自己来的。他告诉父母自己对接下来的高考很焦虑，想要找个人聊聊，于是他的父母找到我。其实我挺惊讶的，不同于我见过的大多数父母，小孙的父母对他面临高考这件事并不焦虑，用他们的话说，这是每个人都要经历的阶段，做父母的不给他添乱，支持他想做的就好了。

和我想象的差不多，在这样的教育环境中成长的孩子，是很有灵性的。也许像每个人一样，他会遇到各种困难和挫折，也会感到焦虑和痛苦，但是那些都不会压垮他。

小孙从小到大都不是那种特别优秀的孩子，但他的父母绝对是令人羡慕的父母。他的同学几乎都会称赞他的父母。如果说有哪里不好，那应该是有时候相比于其他同学，小孙面临的很多事情都要自己做决定，父母会给他建议，但是绝对不会替他做决定。

面临高考，小孙其实不像其他同学那样有很多来自家庭的压力，不过他会有不少自己给自己的压力。他希望自己能够考到心仪的大学，但是现在的成绩看起来还差一点，这也是他焦虑的主要原因。他很清楚自己想在我这里得到什么，他说现在的焦虑让他很难专注，希望我可以帮助他缓解焦虑，如果能够解决学习方面的事情就更好了。鉴于他还有三个多月就要去参加高考，我们

第一章
每个人都会情绪低落，少数人能将影响降到最低

制订了一个短程咨询的计划。

在前两次咨询，我主要了解了他现在面临的困境，以及他生活中的资源。后来，在他谈到自己的焦虑时，我问他有没有过不被焦虑困扰的时候。他想了一会儿，然后说如果去想象自己以后到了大学的美好场景，似乎就不焦虑了。但是紧接着他又说，一段时间之后，这种焦虑就会再次出现。我又问他是否有过某个时刻，在面临焦虑的时候，他做了某些努力，让自己的焦虑程度降低了一些。他想了很久，突然说在面临中考的时候，他也很焦虑，但是他当时很积极地调整自己。他找好朋友聊天，出去打球放松，然后制订了详细的学习计划，每天做一点，那个时候自己好像没那么焦虑了。在他回顾这些的时候，我注意到他的身体明显放松了一些。

其实一定的焦虑对考试来说不是一件坏事，我们一起商定在高考之前把焦虑水平从8分降低到5分左右（假设极度焦虑是10分），距离高考还有12周，如果每周降低0.25分，那么到高考的时候，正好可以降低到5分。我们谈到他可以制订怎样的学习计划和休息计划，不是要一蹴而就，而是细水长流。他说这样会让自己感觉好一点，自己之所以很焦虑，就是因为面临的压力太大了。

把一个大的目标分割成更容易实现的小目标，每天做一点点，这样更容易实现。这也是焦点解决短程治疗中实现咨询目标非常有效的手段。

经过前两周的摸索，小孙对于自己降低焦虑水平的方法越来

越得心应手，他主动提出也许可以每周多做一点，这样情绪调整得更快。大概在距离高考一个月的时候，尽管对高考这件事他依然会有点焦虑，但已经完全不会被焦虑困扰了。

在和小孙的咨询中，我运用了焦点解决短程治疗[1]的咨询框架。我们首先去发现当下困扰他的问题，他是否有过自己能够解决类似问题的经验，这种经验是一种"例外"，是他自身的资源，然后通过他自身的资源，来达到解决问题的目的。

每个人的问题都只有自己才能真正解决，一方面，只有自己最了解自己，一个人再怎么睿智，也很难完全了解另一个人；另一方面，只有自己的方式最适合自己，别人的方法再怎么好，如果不适合，就毫无效果。

如何破除"虚假希望综合征"？

1.仔细看看你希望的未来的美好场景，从中找到你最想要的那部分。

聚焦问题，然后解决问题。这是最高效的解决问题的方式。

2.想一下，你是否有某个时刻解决过类似的问题，当时你是怎样做的。

找到自身的资源，这很重要。每个人都有最适合自己的方式，用属于自己的方式解决问题，才能事半功倍。

如果没有这部分资源，可以想象一下，你能够做些什么一点点改变，让自己更接近目标的实现。

3.分割目标，让每天做的努力变得简单。

如果你想要减肥30斤，不要制订一个月就达成目标的计划，那样一旦受挫，就很难坚持下去。也许你可以试着制订一年的目标，这样只要实现一点点，你就会有正向的体验，这种正向的体验会促使你坚持自己的计划。

4.每当达成一个小目标，做一个小结，鼓励自己。

时刻调整自己的步伐，如果觉得做得太多很疲惫，你可以随时减慢自己的速度；如果觉得太容易，可以试着给自己增加一点任务。当然这两种做法都有一个前提，这种一点点的改变一定是在你能够全然接纳的范围。

5.接下来，等待实现最终的目标，收获胜利的果实吧。

6.实现这个目标之后，重复上述步骤，你可以实现更多的计划。

🗝 自我康复训练

1.最近你有遇到什么自己无法处理的情绪和事情吗？

_____

2.这个困难是什么？

_____

3.你希望解决了这个困难，你的未来是怎样的？

_____

4.如果从1—10分评分，10分是完全无法忍受，你觉得现在面临的困难对于你来说是几分？

___

5.你希望最终能够达成的目标是几分？

___

6.你曾经面对过类似的困难吗？当时你做了哪些改变解决它？

___

7.基于曾经的经验，你觉得你可以做哪些改变，让自己面临的困境的分数下降？

___

8.如果让你每周做一点不费力的改变，让分数下降，你可以怎样做？

___

9.坚持每周这样做，你准备花多久解决这个困难？

___

注　释

[1]焦点解决短程治疗：20世纪80年代早期主要由史蒂夫·德·沙泽尔和茵素·金·柏格夫妇发展出来的一种心理治疗模式。主要的含义在于其正向的哲学观点，这一取向从积极面了解来访者的问题，重视其原本具有的天分与能力，引导其发挥自己的优点与能力，邀请其展现成就与自信，鼓励并塑造其积极的自我应验预言，从而创造改变的可能性。

【自我评估】抑郁自评量表（SDS）

抑郁自评量表（Self-rating Depression Scale，SDS），是美国教育卫生部推荐用于精神药理学研究的量表之一。该量表一共包含20个项目，分为4级评分，原型是美国杜克大学教授威廉·庄（William W.K.Zung）在1965年编制的抑郁自评量表。

该量表的特点在于使用简便，能够直观地反映抑郁患者的主观感受及其在治疗中的变化。我在该量表的基础上略作修改，下面进入具体测试。

以下描述列出了有些人可能具有的问题。请你仔细阅读每一条，然后根据**最近一个星期内**你的实际感觉看看自己最符合下列哪种描述。

1. 不开心，情绪不高，经常陷入精神萎靡、闷闷不乐的状态

    A.很少有　B.有时有　C.大部分时间有　D.绝大部分时间有

2. 在一天中，你最喜欢清晨，因为这个时段感觉最好

    A.很少有　B.有时有　C.大部分时间有　D.绝大部分时间有

3. 莫名其妙想哭，偶尔会真的落泪

    A.很少有　B.有时有　C.大部分时间有　D.绝大部分时间有

4. 晚上睡眠质量不高，偶尔失眠

　　A. 很少有　　B. 有时有　　C. 大部分时间有　　D. 绝大部分时间有

5. 食欲、食量没有变化

　　A. 很少有　　B. 有时有　　C. 大部分时间有　　D. 绝大部分时间有

6. 与异性密切接触时的感受没有变化，和平时一样感到愉悦

　　A. 很少有　　B. 有时有　　C. 大部分时间有　　D. 绝大部分时间有

7. 体重有所下降

　　A. 很少有　　B. 有时有　　C. 大部分时间有　　D. 绝大部分时间有

8. 患有便秘

　　A. 很少有　　B. 有时有　　C. 大部分时间有　　D. 绝大部分时间有

9. 心跳比平时更快

　　A. 很少有　　B. 有时有　　C. 大部分时间有　　D. 绝大部分时间有

10. 无缘无故感到浑身无力，身体疲乏

　　A. 很少有　　B. 有时有　　C. 大部分时间有　　D. 绝大部分时间有

11. 头脑没有变化，思路和平时一样清晰

　　A. 很少有　　B. 有时有　　C. 大部分时间有　　D. 绝大部分时间有

12. 处理平时的工作和往常一样，并没有感到困难

　　A. 很少有　　B. 有时有　　C. 大部分时间有　　D. 绝大部分时间有

13. 总感觉内心无法平静下来

　　A. 很少有　　B. 有时有　　C. 大部分时间有　　D. 绝大部分时间有

14. 对未来抱有希望

　　A. 很少有　　B. 有时有　　C. 大部分时间有　　D. 绝大部分时间有

15. 相比平时，最近情绪更容易激动

　　A. 很少有　　B. 有时有　　C. 大部分时间有　　D. 绝大部分时间有

第一章
每个人都会情绪低落，少数人能将影响降到最低

16. 能够轻松做出决定

　　A.很少有　B.有时有　C.大部分时间有　D.绝大部分时间有

17. 自我价值感增强，感觉自己被他人需要

　　A.很少有　B.有时有　C.大部分时间有　D.绝大部分时间有

18. 生活过得很有意思

　　A.很少有　B.有时有　C.大部分时间有　D.绝大部分时间有

19. 认为如果自己死了，别人可能会过得更好

　　A.很少有　B.有时有　C.大部分时间有　D.绝大部分时间有

20. 平时感兴趣的事，如今依然感兴趣

　　A.很少有　B.有时有　C.大部分时间有　D.绝大部分时间有

评分标准

本量表总分等于各条目分数之和，评分采用1—4分制。其中，1、3、4、7、8、9、10、13、15、19题为正向计分，其余为反向计分。即正向计分时A=1分，B=2分，C=3分，D=4分；反向计分时A=4分，B=3分，C=2分，D=1分。

将各条目分数相加得到原始分。将其乘以1.25，四舍五入取整数部分得到标准分。

【参考答案】

标准分＜小于50分：没有受到抑郁情绪困扰；

50分≤标准分＜60分：检测为轻微至轻度抑郁，需要稍加注意；

60分≤标准分＜70分：检测为中度至重度抑郁，需要及时介入，关注情绪健康；

标准分≥70分：检测为重度抑郁，请及时就医。

（测试结果仅供参考，不代表临床诊断）

【心理调节】情绪低落时的快速调整方法

有时候,我们困在情绪中难以自拔,可能是陷入了一些"陷阱"。而明白这些陷阱的原理之后,也许我们可以试着在被情绪困扰的当下,快速进行自我调整。接下来我们会介绍四个心理学定律,以及相应的快速调整的方法。

1. 贝勃定律

贝勃定律是一个社会心理学效应,说的是当人经历强烈的刺激后,再出现的刺激对于他来说也就变得微不足道。就心理感受来说,第一次大刺激能冲淡第二次小刺激。

举个例子,如果一份炒饭原本卖10元,现在涨价到100元,那肯定很难让人接受;如果一辆车卖10万元,现在涨了100元,就不太会激起你的反应了。

困在情绪中的人,往往会被当下的刺激影响,这种当下的刺激对于我们来说就是贝勃定律中的大刺激。如果我们能够在当下刺激发生的时候,把这个刺激和以往我们曾接收到的刺激进行对比,也许这个刺激相比于我们曾经历过的事情,根本不值一提。这个时候,现在激起我们情绪的刺激就成了一个小刺激,可能不会再像之前那样影响我们。

同样的道理，当我们深陷于某一负面情绪中，可以通过接收一些正面的强烈刺激，从而降低负面情绪带来的影响。例如，当你被公司裁员（较大的刺激），陷入绝望情绪时，可以通过与家人、朋友的接触获得被支持、被认同的体验，比如妻子对你坚信不疑，认为你完全有能力东山再起（正面的刺激）。

这些细微的心理学策略都会逐步提升我们的承受能力。渐渐地，当负面情绪再次来袭时，它对我们的影响就会降低，我们就不会再深陷其中。

2.罗森塔尔效应

罗森塔尔效应是一个心理学效应，指的是人们基于对某种情境的觉知而形成的期望或预言，会使该情境产生适应这一期望或预言的效应。比如，在热烈的期盼和赞美声中，一个人会受到暗示，进而真的出现被不断期盼和赞美的表现。

美国心理学家罗森塔尔曾做过一个实验，他在一个学校给学生进行了"未来发展趋势测验"，并将一份"更有发展前途者"的名单交给校长和相关老师，并叮嘱他们保密，以免影响实验的正确性。结果在学年结束的时候，那些名单上的学生取得了较大的进步。这是因为罗森塔尔给了老师暗示，其中一些学生更有发展前途，而老师接收了这个暗示，并把这个暗示传达给了学生，因此被称为更有发展前途的那些学生对自己的期望发生了变化。于是，实验结果显示，被赋予高期望的学生成绩更加优秀。

我们在遇到一些困难时，之所以无法克服，是因为我们没有给自己一个"优秀"的期望。很多时候，我们之所以失败，在于我们不相信自己能够成功。如果你能了解自我暗示的效果，你的情绪就会得到很大程度的改善。这是罗森塔尔效应教给我们的：如果你深切地相信什么，那么你相信的一定会来临。

性格悲观的人，当身体出现一些不适的情况时，总会想着自己患有疾病，越是这样想情绪越差，有时候这些人可能根本就没得病，是被自己吓出病的。相反，性格开朗的人，即便患有疾病，他们也会往好处想，从而自身状态得到缓解甚至出现奇迹。

因此，当你陷入消极情绪时，一定要学会自我暗示。

高考落榜——"没关系，再读一年我会考上更好的学校"；

失业被裁——"树挪死，人挪活，下一份工作我会获得更高的薪水"；

情场失意——"缘分没到，我相信一定会遇到更好的人"；

……

当然，要注意的是，在进行自我暗示的时候，不能凭空想象，例如你只是拿着月薪的白领，非要幻想自己马上就能财务自由，这种不切实际的想法只会在短时间内起到缓解情绪的作用，当你意识到这只是痴人说梦后，会带来更坏的情绪感受。你需要做的是，结合个人的实际情况，做出一些贴合实际的、正能量的设想。比如你和男友分手了，你可以这样想："这个人不懂得珍惜，工作又不努力，我一定会找到更优秀的男人。"

3.淬火效应

淬火原本说的是金属工件加热到一定温度后,浸入冷却剂中,经过冷却处理,工件的性能会更好、更稳定。心理学将其称为"淬火效应"。

生活中我们经常会遇到一些情绪失控的时刻,很多人因为无法控制情绪而酿成大错,而淬火效应的作用就是在情绪失控时进行冷处理,让自己快速地冷静下来。

比如,当你和女朋友吵架,对方怒火中烧,这时无论谁对谁错,如果你选择和女朋友大吵一架,很可能产生更严重的后果,如导致分手。相反,如果进行冷处理,不予回应,任凭女朋友发泄情绪,冷静之后再好好谈一谈,看看到底是谁的问题,并找到相应的解决方法。这样的处理方式更容易化解危机,这就是淬火效应在情绪管理中的作用。

4.超限效应

超限效应指的是一种因为刺激过多、过强或作用时间过久而引起心理极不耐烦或逆反的心理现象。举个例子,在教育孩子的时候,如果家长第一次和孩子说要认真写作业,孩子能听进去,会尝试让自己专注,但是如果家长多次不厌其烦地讲,往往会激起孩子的逆反心理,孩子反而不想按照家长说的做。

因此,我们要有意识地避免受到超限效应的影响。我们需要了解自己和他人的承受限度。当感觉自己的情绪快到承受极限时,就应该果断采取方法,比如和他人进行直接沟通,或者转移自己的注意力,甚至直接回避。

此外，我们也要关注他人的情绪临界点，比如在批评别人时，说一两句对方还能接受，不停地批评就会使对方产生抵触情绪，一旦越过临界点就可能发生冲突。

总之，了解超限效应，能让我们学会更好地控制消极情绪。

第二章

你所担忧的事,绝大多数都不会发生

焦虑蔓延：如何停下止不住的焦虑

"让人焦虑的从来不是现实，而是对现实的认识。"

有一个老太太，她的大儿子卖伞，小儿子晒布。于是不管雨天还是晴天，她都十分焦虑。雨天担心小儿子不能晒布，晴天怕大儿子的伞卖不出去。直到有人对她说，雨天的时候你该为大儿子高兴，他的伞肯定卖得好；晴天的时候你该为小儿子高兴，他的布会晒得很快。从那时候开始，老太太的日常从焦虑转为欣喜。

我相信很多人都听过这个故事，它所传达的道理很简单：改变对一件事情的认知，那么这件事情对我们的意义就可能完全不同。但是，明白这个道理很简单，真的做到却很难，不然就不会有那么多人每天陷在焦虑情绪中无法自拔。

一个人之所以焦虑，可能源于恐惧，恐惧未知，担心自己的未来不如自己所愿；可能源于无力和无助，不管怎样努力都改变不了现状；可能源于后悔，从前做的那些决定一直在影响着现在，无法摆脱。但是所有的原因都指向一个本质的因素，我们不相信自己可以过得好，或者说，我们觉得自己不够好。

"未思胜，先思败"这本身没有什么不好，至少让我们做事情的时候有了更高的容错率。但是只想着自己可能达不成目标，就很麻烦了。这不仅会让我们陷入焦虑情绪无法自拔，还会让我们很难实现自己的目的。

在心理学上有一个效应叫作预期效应，说的是动物和人的行为不受他们行为的直接结果影响，而是被他们预期行为可能会带来的结果所支配。换句话说，你相信一件事情能成功，那么就有更大的概率成功；你认为一件事情肯定失败，那么几乎就没有成功的可能性。

研究者曾在麻省理工大学的查尔斯酒吧做过一个实验。在有人进来之后，研究者过去告诉他可以免费品尝两杯啤酒，其中一杯是百威，另一杯是麻省理工学院特酿（每盎司啤酒加两滴意大利香醋）。在研究者没有告诉被试两杯啤酒是什么的情况下，被试更偏向于喜欢麻省理工学院特酿；但是在事先被告知第二杯啤酒中是加了醋的情况下，被试更偏向于喜欢普通的百威。事实上，被试对啤酒的口味喜爱程度没有明显的差异，但是在被告知其中一杯加了醋之后，在他们的预期中就会形成这样一个认识：加了醋的啤酒是不好喝的，进而影响他们的判断。

我们的行为不受客观现实支配，而是被心理现实支配。举个例子，假设你觉得你的伴侣不爱你，那么你就会在相处的过程中发现许多他不爱你的事实；同时因为焦虑对方不爱你，你的行为也会被这种想法支配，做出一些"推远"他的举动。最终，不仅在心理现实中他不爱你，在客观现实中他也会被你的行为所影响，形成"他真的不爱你"的客观现实。这就是"预期"带来的结果。

咨询案例

琪琪，女性，24岁，某公司新媒体运营。

刚从大学毕业，琪琪就进入了这家公司。刚开始工作，琪琪很努力，作为运营人员，粉丝增量是公司考核她的一个重要指标，但是第一个月琪琪就没有达标。

因为是新人，领导没有为难她，还告诉她可以从哪些方面提升，去熟悉市场，熟悉用户。琪琪那段时间特别拼命，其实也不是工作有多忙，就是她想在完成工作之余多学习一点，学着怎样更好地完成工作，让更多的用户关注公司的账号。工作日的晚上，她在公司加班，周末还自费去学习一些运营的课程。一个月过去了，她觉得自己工作是有进步的，但是在月末考核的时候，她依然没有达标。

琪琪很焦虑，不仅因为自己费了那么大力气还没有达标，同时看着身边的同事每天慢悠悠地工作，但考核的时候都完成了目标，她不明白是哪里出了问题。领导看到她着急的样子，没有逼她，反而给了她更多的鼓励。但琪琪后来在咨询室里和我说，领导可能已经放弃她了。所以领导的鼓励,在琪琪听来更像是一种讽刺,她似乎听到有一个声音在说:"不管你怎么努力都比不上别人,别白费力气了。"

后来一次团建,在饭桌上琪琪突然听到一个同事每次考核都轻松完成的秘密。原来每次月中的时候,如果他们预计这个月完不成考核目标,就会去买粉丝。当然不是一下子买很多,而是把离考核目标的差距平均分配到每一天,这样到月末的时候,他们就能轻松完成考核。琪琪听到这个秘密的时候很震惊,她本以为是别人比自己厉害,不承想原来他们是在用作弊的方式完成任务。同事劝琪琪不要那么刻板,反正领导也对这件事情睁一只眼、闭一只眼,但琪琪还是难以接受这个事实。她更焦虑了,这下她觉得自己不仅要超过同事,而且要超过作弊的同事,她感觉压力更大了。

在琪琪来到咨询室的时候,我很难相信她才24岁。她双眼无神,充满了疲惫感,皮肤没有一点光泽。她和我讲了她的经历之后就开始哭,很崩溃地哭。她说从小到大自己就没有经历过这么无助的时候,无论自己怎样做好像都没法儿完成目标,现在自己都想要放弃了,也许自己真的就是这么无能。

后来,我们发现让她焦虑的不是能不能完成目标,而是"没有成功"这件事让她很焦虑也很恐慌。她想起来那句一直盘旋在她耳边的话:"你不行。"她说小时候每次自己做得不够好的时候,妈妈都会这样和她讲。后来妈妈说那是为她好,是为了刺激她,让她更努力。可是琪琪心里一直知道,这句话对她的伤害有多大。每当她没有成功的时候,那句"你不行"就像一个魔咒一样围绕在她左右。

当我们看到这一点之后,琪琪的焦虑情绪减轻了很多。她回顾自己的工作状态,发现自己做了很多无用功。她确实很拼命地工作和学习,但是没有计划,往往是什么都学,这样反而干扰了她正常地思考。市面上有太多的课程,那么多所谓的大咖告诉她该怎样做好运营,但他们讲的内容有时候是相悖的,这让琪琪工作起来没有头绪。

琪琪开始不再像无头苍蝇一样去工作和学习,而是做了一份详细的工作和学习计划。在焦虑减轻之后,她做这些的压力少了很多。在有了规划之后,琪琪的工作效率明显提高了,她用比以前更少的时间,达成了比以前更好的工作效果。

在和琪琪的咨询中,我们要先去看她当下焦虑的根源。现实的事件只是一个激发点,真正让她焦虑的是她再次体验到从小到大一直被说的"你不行"。

当看到焦虑的根源之后,她的焦虑明显减轻了。其实制约她完成工作目标的不是她的能力,而是她认同了那句一直以来梦魇般的"你不行",她不相信自己可以。

在她的焦虑减轻之后,她终于可以看到"你不行"不是现实,而是一个执念。在不被这个执念困扰之后,她开始相信自己可以,个人表现也越来越好了。

如何快速走出焦虑困扰？

1.找到当下让你焦虑的事情，看看这种焦虑是怎样对你产生影响的。

具体的事情会让我们产生焦虑情绪，但是这件事情往往只是触发了我们的情绪。换一种说法，焦虑情绪往往和我们一直以来的信念有关。

2.内省，找到焦虑情绪中那个核心的点。

回想自己在什么情况下会焦虑，那些触发你焦虑的事情有没有什么相似之处，它们之间有什么联系，也许在这些联系中你会发现那个触发你焦虑的核心点。

3.联系现实，看看那个让你焦虑的点的真实样子。

每个人都会有一些不合理的信念。比如从小成长在一个重男轻女的家庭，长大之后可能会觉得身为女性就低人一等；成长在一个物质匮乏和极度节俭的家庭，可能会变得小气和计较；成长在一个开放的家庭，也许会无法理解那些相对保守的人。

理智上线，找到你焦虑的点，看看它在真实的世界里是什么样子。

4.客观看待面临的困难，找出解决的方案。

一个人被情绪困扰的时候，很难理智地思考。如果我们能够让自己趋于平静和理智，对于我们解决问题会很有帮助，同时，解决困扰的经验也会减轻我们再次面对此类事情时的焦虑。

自我康复训练

1.最近最困扰你的一件事情是什么?

2.这件事情带给你什么感觉?

3.这种感觉曾经出现过吗?在什么时候?

4.在这种感觉出现的所有时刻,有一个总是触动你产生这种感觉的原因吗?

5.这个原因是什么?

6.你觉得从现实来讲,这个原因是真实的吗?

7.如果这个原因是真实的,你可以怎样改善?

8.如果这个原因不是真实的,你可以怎样自我调整?

预期性焦虑：为什么你总是担心坏事发生

"担心即诅咒。"

下周你要做一个公开演讲，于是你非常焦虑，总是担心会有坏事发生。你担心讲得不好会遭到嘲讽，于是你寝食难安，结果在演讲的时候发挥失常。

第二天有一个重要的考试，你担心自己发挥不好，焦虑让你晚上辗转难眠，第二天的考试你根本没有足够的精力应对。

上面这些情形在生活中很常见。很多时候我们会担心坏的结果发生，于是我们陷入沉重的焦虑中，这种焦虑又影响着我们的状态，于是在真的面临让我们焦虑的事情时，我们很难发挥出自己的真实水平，以致糟糕的结果真的发生了。于是，我们开始指责自己很差劲。

在结果发生之前，就一直担心坏的结果发生，以致自己持续地处于紧张和焦虑的状态中，这种情况被称为"预期性焦虑"。长时间处在这种焦虑中，会对人的心理和身体状态造成不良影响。

心理学中有一个效应叫作"墨菲定律",对其最简单的描述是,越怕出事就越会出事。这贴切地描述了预期性焦虑。就像前面我们举的例子,在多种情况中我们总是担心最糟糕的那一种,那么最糟糕的情况很可能出现。

让我们尝试换一个角度来看待预期性焦虑。在结果发生之前,没有人能知道会是什么样子,这可能会激起人的失控感。因为未来是不确定、不可控的,所以机体需要在想象中完成"可控的事实"。也就是说,看起来是因为不想有坏的结果而焦虑,然后导致了坏的结果;事实上可能是,因为要掌控未来事情结果的走向,所以让自己焦虑,这样就会导致坏的结果,而这个坏的结果就是掌控中的未来。因为不确定的未来变得确定了,即"一定会有坏的事情发生",所以对不确定的焦虑就暂时没有了。这是一种婴儿般的全能自恋[1]的表现。

在上面的心理过程中,未来的不确定引发的失控感是"因",让自己体验坏的结果是"果",让自己处于焦虑状态中是"过程"。人总是无意识地选择让自己更舒服的方式活着,对一件具体事情的焦虑显然比面临失控的感觉要舒服一些。

咨询案例

玲珑,女性,36岁,全职妈妈。

在来咨询室之前,玲珑本来是要给自己12岁的女儿预约咨询,不过她没有与女儿达成共识,女儿并不想来,所以她自己来到了咨询室。

玲珑第一次来的时候，显得很焦虑。今年女儿刚升入初中，本来在小学学习很好的女儿，刚上初一成绩就大幅度下滑，玲珑非常着急。玲珑说自己从女儿上小学开始就放弃工作，在家全身心地投入相夫教子的生活中。自己花费了很大的努力，才让女儿的成绩一直名列前茅，但是女儿对自己的学习一点都不上心。看到女儿这样的表现，她更加焦虑了。

其实玲珑这样的情况很常见。我相信几乎所有的父母都是望子成龙、望女成凤的，大多数父母也都非常关注孩子的学习成绩。孩子的状态牵动着父母的心情。她的焦虑不是个例，这世上的父母面对孩子的学习问题没有几个不焦虑的。

我一直在听玲珑讲自己的焦虑，尝试理解她的感受。的确，她做了很多牺牲，不管这种牺牲是不是孩子需要的，至少她自己感觉很委屈。倾诉让玲珑的状态显得没有那么紧绷了，这样我们才能开始咨询工作。

我相信玲珑在来咨询室之前真的只是想要解决孩子学习方面的问题，她希望我给她一些教育方法，回家怎样和孩子沟通，让孩子明白自己的良苦用心。但是，咨询并不能解决不在场的人的问题，只能对在场的人进行沟通。我和玲珑说，也许你可以不那么焦虑，之后孩子的状态也会有所改变。她听了我的话，半信半疑，不过决定试试。我们制订了接下来的咨询计划。

在后续的咨询中，我们发现她真正焦虑的不是孩子的学习，而是随着孩子的年纪越来越大，她越来越觉得自己不被孩子需要。而孩子的成绩不好，她就有更多的理由参与到与孩子的互动中。换句话说，她之所以为孩子做了那么多"牺牲"，实际上是为处理自己不被孩子需要的挫折感和焦虑。而她所谓的牺牲，实际上也是孩子学习不好的元凶。这是一种控制：我为你感到焦虑，这是在为控制你做准备，这意味着我不相信你的能力，如果没有我帮助你，你一定会面对不好的结局，学习一定不会好；所以不管我是否辅导你写作业，都为我这样做进行了铺垫；不是我不给你自由，而是你根本不配享有自由。

一开始玲珑不接受我的这种解释，甚至对我的解释非常愤怒。她开始控诉，我像她生活中的人一样，不明白她的良苦用心。但是她把自己的情绪发泄完之后，有一次咨询她突然对我说，也许事实就像我说的那样。没有了工作，每天在家里照顾孩子，这让她很没有价值感。如果连孩子都不需要她，她就更加无所事事了。而没有价值对于她来说就像"死"了一样。

后来，我们谈了她可以做些什么让自己更有价值，她和我讲她小时候想要成为一个舞蹈演员。

现在，玲珑在一个舞蹈社团担任领舞。她再也不为孩子的学习而焦虑，因为她的精力释放在跳舞这件事情上，而且，她找到了让自己有价值的事情。

很多时候，不是具体的事情引发了我们的焦虑，而是我们想让自己焦虑，所以会制造一些事情让自己焦虑。我们需要看到的是为什么我会焦虑，了解了这个部分之后，也许我们就可以找到缓解焦虑的方法。

如何调整预期性焦虑？

1.找出当下你最担心的事情。

2.找出在你的想象中，你担心的最坏的结果。

我们所担心的事情中潜藏着我们真正焦虑的点。

3.如果把这种焦虑当作结果，请找到这个结果的原因。

我们感觉焦虑，有时候不是因为具体的事情而焦虑，而是因为我们想要焦虑，所以"创造"出一些机会，让那些可能让我们焦虑的事情发生。

4.找到那个让你迫使自己焦虑的真正原因。

焦虑必有原因，不是因为具体的事件，而是源自我们内心的一些想法与感受。比如从小生活在一个物质条件匮乏的家庭，那么如果自己的生活超越了父母，就有可能感到内疚。如果他为自己可能面临的失败感到焦虑，那么这种焦虑就代替了内疚，减轻了一个人不舒服的程度。

5.在意识到真正的焦虑之后，我们就可以针对这种焦虑找到替代性的解决方法。

🗝 自我康复训练

1.最近，你因为什么事情而焦虑？

2.在你的焦虑中,你会担心什么坏的结果发生?

3.这个坏的结果可能给你带来怎样的体验?

4.这种体验是你想要的吗?

5.如果你能获得与你想象的坏的结果相反的结果,那会是什么?

6.这种状态会带给你怎样的感受?是你能心安理得地接受的吗?

7.如果很难接受,你会因为这种难以接受,迫使自己焦虑坏的结果发生吗?

8.是当下的焦虑让你感觉好一点,还是接受那个难以接受的结果,让你感觉好一点?

注 释

[1]全能自恋:这是每个人在婴儿早期具有的心理,即婴儿觉得自己是无所不能的,自己一动念头,和自己浑然一体的世界(其实是妈妈或其他养育者)就会按照自己的意愿来运转。

幸存者偏差：你所担忧的事情，绝大多数都不会发生

"大多数人的担心，都只是自己吓自己。"

很多人告诉我：要努力才能成功，在工作中要讨好老板，在发生冲突时要让着女孩子才能让关系长久……

在咨询室里，每天都有人和我讲与这些类似的话。这些乍一听挺有道理的，但是听得多了，我忍不住想，如果每个人都按这一套固定的标准去生活，这个世界该多么无趣啊。

总有人看了网上无法辨别真伪的信息，就觉得自己懂得了真理。可是等自己真的按照那套理论去生活的时候，才发现现实和别人讲的不一样。有的人努力了很久，依然是不断失败；有的人天天拍老板马屁，老板还是喜欢那个向他提意见的人；有的人在关系里不断妥协，结果还是遭到抛弃。生活不是故事，没有那么简单。也许那个听了别人努力的故事而发愤图强的人，不知道相比于努力，天赋可能更重要；也许那个总在拍老板马屁的人，不明白老板只是喜欢能给他带来利益和价值的员工；也许那个在关系中低到尘埃里的男生，不知道自己喜欢的女生心心念念的是其

他人。我们生活在无数看似正确的谎言中,其实别人的道理只是别人的,每个人的人生都不一样。

心理学中有一个概念叫作"幸存者偏差",这个概念用来驳斥一种常见的逻辑谬误——只能看到经过筛选而产生的结果,而没有意识到筛选的过程,因此忽略了被筛选掉的关键信息。

举个例子,如果一个身患癌症、生命时间所剩无几的人突然听说有一个人因为每天向上苍祈祷而使癌症不治而愈,那么他有可能也会这样做。可是,那些向上苍祈祷而没有起到效果的人,他们不会告诉他祈祷不起效,因为他们早已因为癌症离世。

在生活中,也许我们会因为很多事情焦虑,是因为我们只看到了那些1%被筛选过的信息。可能我们会担心和异地恋的情侣分手,因为网上有太多异地恋不长久的例子,可是生活幸福的人为什么要把自己的故事晒出来呢?

如果用精神分析因果倒置的说法,我们不是因为具体的事件而焦虑,而是因为我们想要焦虑,所以让自己面临那些可能会引发焦虑的事情。或者说,我们因为想要焦虑,所以总是去关注那些可能让我们焦虑的"幸存者"。从某种角度来说,焦虑不总是一件坏事,因为它可以帮助我们防御自己的无能、恐惧等负面情感。

咨询案例

西西,女性,32岁,离婚1年。

掌控你的心理与情绪
高情商者如何自我控制

西西和前夫是初恋，恋爱谈了5年，结婚维持了9年。他们从大一的时候就开始在一起，共同度过了很多美好的时光。去年年初他们离婚了，没有言情小说和偶像剧中那些狗血的桥段，只是他们发现感情慢慢地淡了，和对方在一起再也没有心动的感觉了。离婚之后他们关系依然不错，偶尔会聚会，也经常在周末一起带女儿出去玩。离婚没有使他们反目成仇，反而让他们更像是多年的老朋友，不用面对婚姻中那些烦琐的事。

两个月前，西西遇到一个男性，本来她觉得离婚之后可能会一直一个人生活，但是这个男性激活了她心中对爱的渴望，他们很快在一起了。西西说，他的一切都是她想象中的样子，幸福得有些不真实。

两个月过去了，西西很享受这段关系。这个男性不仅对西西很好，而且很喜欢她的女儿。可是她一直有一个担心，她在咨询室里和我说，她总是担心这一切都是幻象。她在网上看了无数帖子，都是关于姐弟恋的，可是在这些故事里，这样的恋情最终都没有好的结果。这个男性比自己小7岁，她担心最后他们也会像网上的那些故事一样，没有一个好的结果。所以尽管他们的相处模式和网上的故事完全不一样，她依旧深陷在焦虑中无法自拔。

在后来的咨询中，我们不仅谈到了她和现在的男朋友的相处，还谈到了她和前夫的相处。原来在她心里，幸福意味着不真实和惩罚。在西西的原生家庭中，她一直是被忽视的那个。她生活在一个重男轻女的家庭，她和妹妹都是父母讨好最小的弟弟的牺牲品。她从小就被教育，女生就应该"牺牲"。在她的印象里，

第二章
你所担忧的事，绝大多数都不会发生

幸福似乎是一件不可想象的事情。在和前夫的婚姻中，她就在这样牺牲。前夫很忙，西西自己既要工作，又要照顾孩子。有朋友和她说，明明孩子是两个人的，为什么要让自己这么辛苦，另一个人就可以什么都不管。西西还为前夫开脱，好像男性不顾家才是一个"好男人"。

在这样的婚姻中，西西一边为前夫开脱，一边又很挣扎。她知道自己这样很累、很难受，但是一直以来的教育让她觉得不幸福的生活才是她应该过的。从有离婚那个念头开始，她挣扎了5年，最后还是因为一次喝多了酒，趁着酒劲和前夫说了这件事。前夫没有挽留，她有些后悔，但还是坚持了自己的决定。看起来他们离婚后好像依然像老朋友一样，但是她自己知道，那可能是因为没有爱，所以才能如此坦然。

在和现在的男朋友的相处中，西西感受到前所未有的快乐，可是这么快乐、幸福却让她慌了，因为在她的潜意识中，幸福不是属于自己的。于是潜意识给她找了一个理由，让她去浏览姐弟恋的帖子，试图用其他人失败的经验告诉自己，自己的幸福不是真的。一方面她希望自己幸福，另一方面她又很难允许自己幸福，这是她的内心冲突。

在了解到这些之后，西西决定给自己一个机会。她尝试去信任男朋友，而对方也没有辜负她的信任，在这段关系中让她感觉越来越安全，她的担忧也越来越少。事实上，这个男人才是让她疗愈的最重要的力量。

很多时候，在咨询室里的来访者所讲述的焦虑并不是当下所面临的事情引发的，而是源于更早的体验。心理咨询师需要做的也不仅仅是解决当下的具体事情，而是和来访者一起发现那个隐藏得更深的"矛盾"。当意识到这个矛盾之后，来访者就可能自我疗愈。

你会被幸存者偏差影响吗？

1.找出你正在面临的焦虑事件，看看你为何焦虑。

有的时候我们会因为接收了一些信息，然后自己对号入座而感到焦虑。

2.你所看到的"事实"，是否在某些时刻有其他的可能性？请找到它。

很多时候我们只是接收了我们想要相信的那部分信息，而忽略了我们不想看到的那部分信息。

3.将你找到的"例外"和你一直以来的焦虑进行对比，客观看待它们的可能性。

任何事情的发生都有其可能性，可能有时候我们会被"幸存者偏差"影响，去关注那些小概率发生的事件，这会让我们陷入焦虑中无法自拔。可是如果我们按照大数据进行对比，也许我们关注的焦虑的点不太可能发生。

4.再来客观看待现在面临的焦虑事件。

如果可以客观看待现在面临的事情，也许你就不会像之前那样焦虑了。

🗝 自我康复训练

1.最近最困扰你的一件事情是什么?

___

2.这件事情带给你什么感觉?

___

3.这种感觉有受到你接收到的什么信息的影响吗?

___

4.你接收到的信息是这件事情的全貌吗?

___

5.如果我们看到当下面临的焦虑事件的全貌,你觉得接下来可能会发生什么情况?

___

6.这些情况发生的可能性是多少?

___

7.哪一种结果的可能性更高?

___

致命的焦虑：别人不干你不开心，别人干了你不放心

"信任是一种能力，也是一种美德。"

在我刚开始工作的时候有过一个老板，在她的手底下干活特别轻松。作为她的助理，本来我需要处理的事务非常繁杂，但是她总和我说："这个放着我来做，那个放着我来弄。"开始的时候我感觉很轻松，大多数人梦寐以求的"事少、钱多、离家近"就这么实现了。但是过了一段时间，我开始怀疑自己，因为在这里工作没有一点成就感。

是因为我工作能力太差所以她才事事亲力亲为吗？倒也不是，不然她也不会招我进公司。她只是没有办法相信别人，即使她给别人安排了工作，别人完成之后她还要自己再做一遍。所以，两年内她换了6个助理。她才不到40岁，头发却已灰白。

不管在工作中还是在生活中，信任别人是一种能力，也是一种美德。一个不懂得信任别人的人，会浪费自己拥有的资源，花费比别人更多的力气，却只能收获更小的成果。

在中国的不少传统家庭中,往往是女性包揽了大部分家务。这些家庭不管女性是否工作,似乎只要一回到家,家里的事情就要由她来做。我在咨询室里听到很多女性向我抱怨这一点,可是如果我问为什么不让男人做这些,她们的反应往往是:"他又做不好,让他做还不如我自己来,他只会添乱。"说实话,这件事情有些时候不能全怪男性,如果妻子能够信任丈夫,而不是把所有的家务包揽下来,也不会造成在家里男性无所事事的情况。妻子们这样的做法背后反映出一种心态:"家务应该由我来做,但是我做你看着,让我很不爽。"可是婚姻是两个人的事情,一方的包揽可能意味着另一方的无能。

美国的皮尤研究中心在2007年做过一项现代婚姻调查,结果显示,62%的人认为共同承担家务是婚姻关系融洽的重要因素,仅次于彼此信任和性生活和谐。过多的付出有时候不会对关系起到促进作用,反而会对关系造成伤害。

咨询案例

齐白,男性,36岁,创业公司老板。

我第一次在咨询室见到齐白的时候,看到他的眼睛里满是血丝,像是很久没有休息过的样子,他刚步入中年,却几乎秃顶。他因为持续的失眠来到咨询室。

在咨询室里他向我诉说了自己的不容易。作为一个创业者,他开的公司已经倒闭了两家,这可能是他最后一次尝试了,因为为了这家公司他把全部身家都抵押了，不成功便成仁。他的压力实在很大。

我知道作为一个创业者他的压力肯定很大，而且这次是他孤注一掷的一次，他一定承担着常人难以想象的重担。不过，后来他和我讲了工作中的一些事情，让我对他的压力有了一些不同的认识。

在齐白的讲述中，他觉得公司里所有的员工都干不好活，什么事情都要他亲力亲为，所以他才这么累。不仅身体很累，心也很累。我问他为什么不找一些工作能力更强的人，他却和我讲，他觉得即使再招一批人也是这样。后来我才发现，原来不是他的员工工作能力真的很差，而很多时候是他没有办法相信下属能把事情做好。事事亲力亲为不是因为员工做不好工作，而是他没有办法相信别人。

齐白曾经尝试过相信别人，但是每次的结果都不好。第一次创业，合伙人拿着他们的研究成果跳槽去了一家大公司，结果公司失去竞争力，直接导致资金链断裂。从那以后，他在工作上就很难相信别人。在他经营第二家公司的时候，有很多员工的离职原因是觉得在公司中没有存在感和价值感，他也知道一个好老板应该放手让员工去做，但他就是很难做到。他害怕像之前一样，一旦他放松警惕，就会发生无法预知的后果。也许，他每天失眠不只是因为身体和心灵的双重疲惫，还有面对未来不确定的焦虑。另外一个很重要的原因，也许是他总有一种担心："总有刁民想害朕。"

第二章
你所担忧的事，绝大多数都不会发生

在后面的咨询中，我了解到他对别人的不信任由来已久。第一个合伙人弃他而去也是因为他们在公司决策上产生了很大的矛盾。齐白对别人的不信任，一定在他们爆发巨大的矛盾与冲突中占有不容忽视的比重。

其实，怎样做一个好老板，齐白非常清楚。但是在理智和感受上，他选择了感受，所以让自己这么累。在后续的咨询过程中，我们运用了焦点解决短程治疗的模式。我们达成共识，他会尝试每周试着多信任员工一点。从每天交给员工一件工作，而他不去检查开始。一开始，这加重了一些他的焦虑；但是随着时间的推移，他看到把事情交给别人也没有出问题，而且他的工作越来越轻松，他有更多的时间考虑决策层面的事情，这让他尝到了甜头。与此同时，他能够慢慢享受休息的时光了。焦虑减少了，失眠的情况也有所好转。

有时候，我们会被困在自己情绪的世界里，这个时候我们的理智无法工作。当理智无法工作的时候，我们往往会做出一些对现实情况毫无意义的决策。

当理智恢复，很多时候我们自己就能看到当下我们做的事情有哪些问题，就可以做出一些适当的调整。在咨询中，心理咨询师要做的不是告诉来访者怎样做，而是和他一起找回他的理智，找到他自身的资源。我始终相信，每个人都是解决自己问题的专家。

怎样让自己更信任别人？

1.找出你在什么事情上难以信任别人。

2.回想一下，在你难以信任别人的时候，你在想什么。

不信任是有原因的。这些原因可能不是当下的某种感受，而是由来已久。

3.以前当你有类似的感受时，也许有某个时刻你对自己说了什么或者做了什么，让自己感觉好了一点。

其他人的方法都不会完全适合你，在你自己的身上找到资源，看看曾经的你是如何解决这个问题的。即使没有最终解决问题，也许你做过些什么，让自己感觉好了一点。

4.如果没有好的经验，可以想一想你希望事情变成什么样？

当然，也许你从未觉得自己好过。那么也许你可以憧憬一下，你希望的生活是什么样的。

5.在你憧憬的世界中，去看看你喜欢的那些事、那些人。

6.你可以做些什么一点点地改变，让自己更接近你期待的样子。

白日梦能够成为现实的关键在于你知道可以怎样做。

7.去坚持这一点点的改变，每天做一点，那个你憧憬的样子最终会实现。

8.在那里，你会信任你想要信任的人。

自我康复训练

1.最近你因为什么而焦虑？

―――――――――――――――――――

2.在这件事情中，你焦虑的是什么？

―――――――――――――――――――

3.客观地说，你觉得你担心的结果有多大的可能性发生？

―――――――――――――――――――

4.曾经你有过对类似的事情焦虑的体验吗？

―――――――――――――――――――

5.有没有一个时刻，你做了一点努力，让自己的焦虑少了一点？

―――――――――――――――――――

6.当时你是怎样做到的？

―――――――――――――――――――

7.把你的成功经验放到当下，你觉得你可以做怎样的一点改变，让自己的焦虑少一点？

―――――――――――――――――――

8.你打算用多长时间让自己实现预期的状态？

―――――――――――――――――――

9.在这个过程中你可能会遇到什么困难？你打算怎样克服？

―――――――――――――――――――

10.达成你的目标之后，你会有怎样更好的体验？

―――――――――――――――――――

【自我评估】焦虑自评量表（SAS）

这是一份由美国杜克大学教授威廉·庄于1971年编制的焦虑自评量表，主要用来分析病人的主观症状，适用于有焦虑状态的成年人。现示例如下，读者可以进行自我测评。

以下描述列出了有些人可能有的问题，请你仔细阅读每一条，然后根据最近一个星期内你的实际感觉看最符合下列哪种描述。

1. 觉得比平时更容易紧张或着急
   A.很少有　B.有时有　C.大部分时间有　D.绝大部分时间有
2. 会无缘无故地感到害怕
   A.很少有　B.有时有　C.大部分时间有　D.绝大部分时间有
3. 内心容易烦乱或感到惊恐
   A.很少有　B.有时有　C.大部分时间有　D.绝大部分时间有
4. 感觉自己快要发疯
   A.很少有　B.有时有　C.大部分时间有　D.绝大部分时间有
5. 觉得一切都很好
   A.很少有　B.有时有　C.大部分时间有　D.绝大部分时间有

6.手脚发抖、打战

　　A.很少有　B.有时有　C.大部分时间有　D.绝大部分时间有

7.饱受头痛、颈痛和背痛的折磨

　　A.很少有　B.有时有　C.大部分时间有　D.绝大部分时间有

8.容易衰弱，感到疲乏

　　A.很少有　B.有时有　C.大部分时间有　D.绝大部分时间有

9.感觉心平气和，并且容易静坐

　　A.很少有　B.有时有　C.大部分时间有　D.绝大部分时间有

10.感觉心跳得很快

　　A.很少有　B.有时有　C.大部分时间有　D.绝大部分时间有

11.因为头晕而苦恼

　　A.很少有　B.有时有　C.大部分时间有　D.绝大部分时间有

12.晕倒，或者感觉要晕倒

　　A.很少有　B.有时有　C.大部分时间有　D.绝大部分时间有

13.吸气、呼气都感觉很容易

　　A.很少有　B.有时有　C.大部分时间有　D.绝大部分时间有

14.手脚麻木，有刺痛感

　　A.很少有　B.有时有　C.大部分时间有　D.绝大部分时间有

15.因为胃痛或消化不良而苦恼

　　A.很少有　B.有时有　C.大部分时间有　D.绝大部分时间有

16.经常想要小便

　　A.很少有　B.有时有　C.大部分时间有　D.绝大部分时间有

17.手脚常常是干燥的、温暖的

A.很少有　B.有时有　C.大部分时间有　D.绝大部分时间有

18.脸红、发热

A.很少有　B.有时有　C.大部分时间有　D.绝大部分时间有

19.容易入睡且睡眠质量高

A.很少有　B.有时有　C.大部分时间有　D.绝大部分时间有

20.饱受噩梦困扰

A.很少有　B.有时有　C.大部分时间有　D.绝大部分时间有

评分标准

本量表总分等于各条目分数之和，评分采用1—4分制。其中，5、9、13、17、19题为反向计分，其余为正向计分。即正向计分时A=1分，B=2分，C=3分，D=4分；反向计分时A=4分，B=3分，C=2分，D=1分。

将各条目分数相加得到原始分。将其乘以1.25，四舍五入取整数部分得到标准分。

【参考答案】

标准分＜50分：目前的状态很好，不感到焦虑；

50分≤标准分＜60分：可能因为某些烦心事或工作压力感到轻微至轻度焦虑，自我调节即可；

60分≤标准分＜70分：可能为中度至重度焦虑，目前已经严重影响身心健康，需要注意；

标准分≥70分：可能为重度焦虑，需要及时就医。

（测试结果仅供参考，不代表临床诊断）

【心理调节】战胜忧虑的心理学技巧

刺激控制训练:安排你的专属焦虑时间

如果你经常处于焦虑的状态中,那么解决焦虑的最好方法是找一个固定的时间,让自己沉浸在这种焦虑中。这听起来很不可思议,但采用这种认知行为疗法(CBT)[1]的工具可以提升你对焦虑的频率和时间的控制。CBT中的刺激控制训练技术可以帮助你把焦虑设定在指定的时间范围内,而在这段时间之外,你就有更多的时间和机会去完成那些对你来说更重要的事情。

有些人可能觉得在焦虑的状态下,很难控制自己的想法,让自己不去焦虑,但实际上我们通过训练可达成这一目的。安排一个固定的时间焦虑,不仅可以让我们在这个时间段真切地体会这种感觉,进而对其有更多的了解以期解决它;更能把我们其余的时间空闲出来,让我们做成更多的事情。而且,这个时间由我们自己来定,我们完全可以把它放在更加方便的时间,比如在白天闲暇的时间焦虑,比夜晚在床上辗转难眠对我们的影响会更小一些。

安排专属焦虑时间步骤

1.首先在你的日程表上,标记出你这周需要的焦虑时间。

你可以每天预留出30分钟,作为自己专属的"焦虑时间"。在这段时间,不去想也不去做其他事情,把时间留给你的焦虑情绪。这个时间由你自己来选择,选择一个你觉得更加方便的时间。最好不要选在睡前。

2.在这个时间段,尽可能地写下所有让你感到焦虑的事情。

别给自己压力,想到多少就写多少,你不必思考怎样解决它们。

将情绪写下来本身就是一种疗愈方法。通过对情绪的表达,我们对它有了更多的认识,这种认识能够帮助我们以后更好地解决它。

这个时间尽量准时开始,准时结束,如果你还没有写完你所有的焦虑,也要在时间结束的时候停下来。你可以告诉自己,这个时间是你拿来给自己焦虑的时间,其余的时间你可以用来做其他事情。

3.在计划时间以外的时间,如果你感到焦虑,就告诉自己,把它留在下一个计划的焦虑时间进行。

开始的时候这可能会有点难,这个时候需要我们不断地暗示自己,我要在属于焦虑的那个时间段释放焦虑。

如果没有做到,也不要有任何负担。允许自己做不到,只要你尝试了就是好的。随着时间的推移,你所做的努力会让你在这件事情上越来越得心应手。

4.一周之后,重新去看你写下的焦虑,你是否发现有一些类似的地方？你有没有发现一些自己的模式？

有没有一些焦虑是反复出现的？你所焦虑的内容有变化吗？

对你看到的东西进行反思，通常你会总结出规律，这会让你对自己有更多的认识。

5.下一周，重复你上周做的事情。

在第二周做这件事情的时候，你会发现你对焦虑时间的控制能力会更强。

6.按照这个方法持续做。

当你习惯了这种方式，你会发现自己能够慢慢地控制自己的情绪了。

焦虑情绪的出现，在某种程度上是因为我们在尝试解决当下面临的问题。但是焦虑关注的不是现在，而是未来。

上述训练实际上把我们的关注点放在当下。假如我们能够解决当下的焦虑，就可以直接去行动；假如没有找到解决方法，可以放下这个问题，留在下一个"焦虑时间"去解决，当下你可以做其他事情。

注 释

[1]认知行为疗法：认知行为疗法是由贝克（A.T.Beck）在20世纪60年代发展出的一种有结构、短程、认知取向的心理疗法，主要针对抑郁症、焦虑症等心理疾病和不合理认知导致的心理问题。它的着眼点放在患者不合理的认知问题上，通过改变患者对自己、对他人或对事情的

看法与态度来解决心理问题。

系统脱敏法

系统脱敏是行为主义疗法中的一种基本治疗方法，目的是使来访者在逐渐放松的状态下减少对刺激的敏感性。

它的理论基础是学习理论，即经典的条件反射与操作条件反射。在这个理论中，有两个基本假设：个体可以通过学习消除非适应性行为，也可以通过学习获得适应性行为。

用系统脱敏来减轻焦虑

1.找到所有引发我们焦虑的事件。

2.把焦虑量化，将所有焦虑事件按照对我们的影响从大到小进行排序，并标明等级。

比如一个对考试感到焦虑的人，我们可以构建这样一个等级：一周之后要考试，6天之后要考试，5天之后要考试，4天之后要考试，3天之后要考试，2天之后要考试，1天之后要考试，考试当天起床，考试当天在路上，考试当天进考场之前，考试当天进入考场，考卷发到手上，考试中。

3.进行想象脱敏训练。

在想象中完成脱敏训练。在这里值得注意的是，在脱敏之前，我们要先进行放松训练，使自己的身心达到放松的状态。

我们可以找到一个舒适的环境，或坐或躺，舒适即可。接着开始深呼吸，放松情绪。然后一步步放松全身的肌肉，头部、颈部、肩部、手臂、胸部、腹部、背部、臀部、双腿、双脚，直到我们进入彻底放松的状态。

然后开始想象最低一级的焦虑的场景，在感到紧张的时候，停下来，重新进行放松训练，直到放松下来，再次想象之前焦虑的场景，如此往复，直到最低一级的焦虑场景不再影响我们，那么这个等级的脱敏训练就完成了。

之后，对每个等级的焦虑状态都运用同样的方式进行脱敏，直到脱敏训练全部完成。需要注意的是，每次脱敏训练不宜超过四个等级，一旦在某一等级的焦虑状态中感到强烈的不适，需要重新回到更低一级的焦虑状态进行练习。

4.进行现实训练。

在完成想象脱敏训练之后，我们可以开始进行现实中的训练。和上一个步骤的操作一样，只是这次我们从想象中的场景转换到现实的场景。我们仍然从最低一级的焦虑状态开始练习，放松—脱敏—放松—脱敏……直到完成所有焦虑等级的脱敏。注意事项与想象脱敏训练相同。

我们不需要刻意要求自己必须做到，多给自己一些时间慢慢来。

正念疗法

正念疗法是以正念为核心的各种心理疗法的统称。下文会涉

掌控你的心理与情绪
高情商者如何自我控制

及我们如何运用正念疗法来调节焦虑情绪。

1.找到一个舒适的位置坐下。身体坐直,双腿盘膝,视线向下,呈打坐状。

一个舒适的环境和舒服的姿式,可以帮助我们更快地放松下来,让我们迅速进入对自己内在的观察状态。

2.区分杂念和妄想。

内观自己的感受。分辨哪些事情在影响着我们的情绪,这些事情对于我们来说是不是必要的;找到那些我们求而不得的期望,分辨一下,那是可能实现的,还是只是我们的妄想。

3.把关注点拉回此时此地,忽略对过去与未来的担忧。

当我们把关注点放在当下时,我们能够更好地体察自己。内观自己此时此地的感受与想法,屏蔽外界的干扰,把关注点放在自己身上。

4.关注你的呼吸,集中注意力。

更加具体地关注自己,忽略外界的影响。

5.把关注点放在呼吸上,摒弃杂念,可以以21轮呼吸作为一个循环。

6.放空大脑。

让大脑自然地放空,不进行思考,用心地感受自己。

第三章

当你怒不可遏时,这些方法可以帮你平静下来

愤怒表达：所有坏情绪都应该正确地表达

"愤怒的背后，隐藏着一个人真切的渴望。"

面对别人的指责、误解、压榨等饱含敌意的攻击行为时，人会本能地感到愤怒。在临床工作中，我发现当愤怒来临时人们往往会用两种方式来处理。

一种是压抑自己的愤怒。比如在工作中受到老板的指责，一个人会思考如果将愤怒爆发出来，可能会导致可怕的结果，如面临老板更强烈的愤怒，或者面临工作中更严重的难题。为了避免比愤怒情绪更强烈的负性体验发生，人们可能会压抑自己的愤怒。

另一种是直接的情感宣泄，以行为的方式表达愤怒。比如一个丈夫面对妻子的指责时，可能会反驳，或者把自己的愤怒用行为的方式表现出来。如争吵、摔门离开、暴力行为等，都是对愤怒进行情感宣泄常见的行为。

然而这两种处理愤怒的方式都是非适应性的。前者看似在具体的情境中更具社会适应性，但是对愤怒情绪的压抑不仅会对人本身造成不利的影响，危害人的生理健康和心理健康，而且当愤怒累积到一个无法承受的程度时，会出现更具破坏性的恶性事件；后者看似在体会到愤怒的当下直接表达了情绪，对当事人的人际关系却有极具毁灭性的破坏。究其根本，人们常用的处理愤怒的方式，实际上是被愤怒情绪本身控制了。

美国生理学家爱尔马曾经做过一个情绪对人体健康状况影响的实验。他将一个人在不同的情绪状态下呼出的气体收集起来，通过一定的比例与水混合。结果表示，在一个人处于情绪稳定的状态下，混合物是清澈透明的，而在一个人愤怒状态下收集的混合物却呈紫色。他把愤怒状态下收集的混合物注射入大白鼠体内，不久之后大白鼠就死亡了。由此可见，在愤怒的状态下，人体会分泌各种复杂的分泌物，并且这些分泌物很可能有毒性。愤怒会极大地影响机体的生理健康。

愤怒是一种很常见的情绪，在人的成长过程中出现得较早。观察婴儿，我们能够直观地看到他们是怎样表达愤怒的。婴儿在探索周遭世界受阻时，会表现出明显的愤怒情绪。例如，约束其身体活动、强制要求其睡觉、剥夺其玩乐的时间和空间，都会引发婴儿的愤怒。

从精神分析[1]的角度来看，愤怒的出现往往源于个体的无能感被激活，由于外界刺激不受控制，而使一个人的自尊心受挫。为了避免体验到这种无能感，个体的内在心理机制会促使愤怒的情绪产生，以彰显其"强大"。一个婴儿在出生时是不会感到弱小的，在他心中，他是世界的中心，周遭的一切都随着他的意志运转。随着他越来越意识到成人可以控制他的行动，弱小的感觉被逐渐激活，为了使自己强大，愤怒的情绪就产生了。所以我们可以看到，一个难以控制愤怒情绪的人，在其他时候往往也表现得以自我为中心，这是心理发展停滞在婴儿期的表现。

咨询案例

洛图，女性，26岁，编剧。

洛图在一家电影公司担任编剧，日常的工作主要是与客户沟通和写稿。作为一个创作者，她很珍惜自己写的每一个剧本，每天晚上都熬到很晚，就是为了能够将自己的作品修改得更好。

可是评价剧本的好坏，是一件很主观的事情，她在工作中难免会遇到甲方觉得她的剧本不符合期待，提出让她修改甚至重写的要求。在这种情形出现的时候，洛图都很愤怒，就像她说的："作为一个专业的编剧，我知道什么是好的作品，我知道我写的剧本拍出来会是什么效果。可是甲方不懂这些，反而要求我把作品朝着他们觉得好的方向修改。我知道如果那样做，剧本拍出来的效果一定不好。"

洛图觉得甲方根本不懂剧本，他们的要求分明是"外行指挥内行"，她感到很生气。开始的时候，基于现实的考虑，她觉得既然甲方作为出资方，他们有要求就按他们的要求来。她把自己的愤怒压抑下来，按照甲方的要求修改剧本。直到有一天，男朋友和她吵架，她的情绪本来就不好，甲方依然像是她不存在一样，自顾自地说着自己的需求，就这样洛图的愤怒累积到了一个极点。最终洛图把自己的愤怒表达了出来，她表现得歇斯底里，痛斥了甲方的"无理"要求。结果甲方终止了和洛图所在公司的合作，洛图也被领导狠狠地骂了一顿。洛图很委屈，明明不是自己的错，她觉得被整个世界抛弃了。

在咨询中，洛图反复谈到这件事情，并且不断地从各个角度证明自己做得没有错。洛图从小就生活在个性被极度压抑的环境中，在她成长的家庭里，愤怒是不允许被表达的。一旦她向父母表达不满和愤怒，就会受到严厉的惩罚。在她经历的事情里，似乎童年那种只要表达愤怒就会被惩罚的经验再次被激活了。她感受到自己的弱小和委屈，但是没有人能够支持她。

随着咨询的进行，我和洛图从现在遇到的事情，谈到小时候被压抑的情感。洛图意识到，当她去向别人表达愤怒的时候，实际上背后蕴含着一个期待：我希望你能懂我的意思，我希望得到你的支持。

在意识到这一点之前，洛图说她很想和领导吵一架，质问她为什么不能为自己做主，明明自己是没错的。但是当她意识到，其实她只是想要领导认可自己的工作，希望他可以支持自己的时候，她忽然觉得去和领导吵架这件事真是一个糟糕的选择。

后来洛图主动和领导讲了自己的想法，包括她对剧本故事走向的个人观点，以及她希望自己写的东西得到认可。其实洛图平时的工作做得都很好，领导也很欣赏她，在洛图坦诚地讲了自己的想法之后，领导给了她鼓励，并没有再惩罚她。

在整个咨询过程中，我们只做了一件事，就是从情绪中发现实际上我们想要表达什么。

人的内在心理过程是很有意思的，它会把我们实际上想要表达的意思经过多层的加工，通过情绪和行为的方式表达出来。在咨询中，心理咨询师的工作在很大程度上是和来访者一起去看清楚，那些经过反复"修饰"的言语和行为，实际上反映了我们怎样的潜意识。

体验到愤怒，怎样表达更加合理？

1.深呼吸，使自己平静下来。

2.回顾当下遇到的事情，感受自己当下的感觉。

在情绪爆发时，如果我们能够体验当下的感觉，而不是冲动地发泄情绪，会对我们的自我察觉很有帮助。

3.在这样的感受中，你希望对方能做些什么？

愤怒的表达往往隐含着一个人心底的期望。我们表达的愤怒不是愤怒本身，而是在告诉对方我需要他怎样做。

4.表达你真实的需要，替换情绪的宣泄。

用真诚的方式把你体验到的对对方的期待告诉他。

自我康复训练

1.最近最让你愤怒的一件事情是什么?
_____

2.在这件事情中,除了愤怒,你还有其他的感觉吗?
_____

3.这种感觉往往会出现在你和什么人的互动中?
_____

4.你对这个人会有什么样的期待?
_____

5.如果你要真诚地告诉这个人你对他的期待,你会怎样说?
_____

6.现在回到那件让你感到愤怒的事情,你在其中是不是有类似的期待?
_____

7.如果你要真诚地表达你的期待,你会怎样说?
_____

最后,听听心理学家是怎样解读愤怒的。

愤怒告诉我们,别人也许侵犯了我们,或者我们内心的愿望无法满足。我们必须倾听自己的愤怒,因为它能帮助我们保持个性的完整。

——艾耶·古罗·勒内(心理学家)

表达愤怒的好处远远不止出了口恶气，它的可贵之处是重建自己和自己、自己和别人的关系。

——让-保罗·奥斯特（心理咨询师）

注 释

[1]精神分析：精神分析理论于19世纪末20世纪初由奥地利心理学家西格蒙德·弗洛伊德创建，并由其之后的精神分析学者不断发展。精神分析理论是现代心理学理论尤其是心理治疗理论的基石。

你以为是在发泄愤怒，结果却是火上浇油

"愤怒背后往往藏着期待，发泄却把这种期待引向了反方向。"

愤怒是一种很常见的情绪，也是一种很难被控制的情绪。我们都知道压抑愤怒不是一件好事，但是把愤怒直接发泄出来，也没有办法减少我们内心的不爽。

爱荷华州立大学的心理学家曾经做过一个实验。他们把被试人员分为两组，一组在愤怒状态下被安排去击打沙袋发泄愤怒，另一组则被安排在一间静室内静坐。实验过后，研究人员经过测量发现，那些直接发泄愤怒的人表现得更具攻击性，而另一组的情绪相比实验组更温和。实验结果显示，发泄情绪不可以让人的情绪迅速平复，反而会起到反效果。

在日常生活中，发泄愤怒很常见。如果一个人向权威发泄愤怒，那么他不仅无法让自己的感受更好一些，而且会造成更有破坏性的影响。即使是权威向不如他权威的人发泄情绪，往往也会

激起承受情绪的人的不满。比如,领导直接向下属发脾气,下属尽管会承担这种情绪,但是一定会影响工作效果,这不符合领导的本意;家长对孩子发脾气,也许孩子会迫于家长的压力不反抗,但是一定会对亲子关系有影响。

肆意发泄愤怒造成的结果可能会对当下的关系造成一些影响,更加严重的会对一个人接下来的人生产生不可磨灭的影响。

记得那记"世纪之啃"吗?1997年的那场拳击比赛,泰森一口咬掉了霍利菲尔德的半只耳朵。在泰森的这一啃之前,他们二人早已结怨。在之前的比赛中,泰森早已对霍利菲尔德的搂抱战术和偷袭不满。后来的一场比赛中,霍利菲尔德用头部撞击了泰森。新仇旧怨涌上心头,泰森失控了,他表达愤怒的方式震惊了全世界。

这一啃不仅让泰森在当时损失了600万美元,而且让泰森被禁赛一年。除了金钱的损失,禁赛对于一个职业运动员来说,造成的损失更是不可估量。

发泄愤怒是一件简单的事情,但它造成的后果是破坏性的。一个内心强大的人,不会直接发泄情绪,也不会压抑自己的情绪,而是在意识到自己有情绪之后,通过一种更加适应性的方式表达。这样既能让自己的状态得到调整,也能让事情朝着更好的方向发展。

掌控你的心理与情绪

高情商者如何自我控制

咨询案例

筱筱，女性，30岁，一个7岁女孩的妈妈。

筱筱第一次来咨询室的时候特别焦虑，她和我讲了女儿的事情。今年女儿上小学二年级了，当初女儿一年级入学的时候她就很不适应，现在一点都没有改善。最近，女儿说在学校很不开心，不想去上学。每次女儿和筱筱说起这件事情，筱筱都特别生气，一开始她还告诉自己不要对女儿发脾气，但女儿总是提起，这让她压抑的愤怒到达了顶点。于是，在来咨询室的前一天，她对女儿发了脾气，甚至动手打了她。

筱筱很自责，当她看到女儿在她发脾气之后默默抽泣的样子，她很心疼。明明她是很爱女儿的，却要让女儿承受自己的情绪，这让她开始怀疑自己做的是不是正确。

在咨询室里，我们探讨了她愤怒的来源。筱筱和我说，她自己本来对女儿没有什么要求，看着女儿不想去学校的委屈的样子，她自己也很难受。可是一想到如果不去上学，女儿就可能落后于人，可能对她将来的发展有所影响，她就更加难受。她说与其放纵女儿不让她去上学，不如现在自己做一个"坏人"，至少在女儿长大之后，她不会怨自己。女儿不想去上学，不单单是这件事情本身给了筱筱压力，旁人的期待、社会的评判，这些都在影响着筱筱的反应。

我相信作为一个妈妈，希望女儿发展得好，这是本能。可是筱筱现在的做法没有解决问题，反而激化了这个问题。在她的认知中，女儿不想去上学直接对应着女儿将来会发展不好，但是这个推论并不合理。

在后面的讨论中，我们发现原来筱筱自己从小就被这样对待，只要和学习相关的事情，就一定要做得很好，这方面的任何情绪，她都是不被允许表达的。于是我和她说，似乎你现在做的事情，正在重复早年你的父母对你做的事情，也许你只是想让女儿明白，当初你是如何过来的，你当时的体验是什么。说到这里的时候，筱筱泪如雨下。她向我倾诉自己是如何不被父母接纳，告诉我自己这些年过得多么不容易。她很辛苦，一方面要让自己不被早年那种残忍的对待影响；另一方面又要为女儿考虑，尽量让她幸福地长大。处在这样一个夹缝中，筱筱时刻都面临着双倍的压力。

在筱筱意识到她对女儿发泄的愤怒，实际上是对父母的不满之后，她有了一个领悟。实际上她需要做的不是逼迫女儿去上学，而是和女儿一起去面对，不管女儿是不是去上学。她需要做的是给予女儿理解和支持，这些也是小时候的她所缺失的。

意识到这个问题之后，筱筱发现她被女儿的状态激起的愤怒少了许多。她开始从刚来咨询时那种陷在自己情绪中的状态里抽离出来，慢慢地有能力和精力去理解女儿的感受。原来女儿只是在上学这件事情上受到了挫折，毕竟刚进入一个环境对于每个人来说都需要一段时间来适应，如果能有一个支持的环境，那么这个适应的过程就会缩短。在筱筱的愤怒减少之后，她开始能更多地给女儿心理上的支持，女儿也慢慢地适应了学校的生活。

上述的咨询过程只是我和筱筱工作的一部分。在这一段时间里，我们聚焦于当下她面临的最直接的困扰。通过找到这个问题的原因，筱筱自己就意识到怎样做是合适的。通过和心理咨询师交流，来访者找到了解决自己问题的方法，这是心理咨询独特的魅力。

怎样不让愤怒情绪造成坏的影响？

1.把引发你愤怒的事情写下来。

书写是一种表达。你把引发自己愤怒的事情写下来，这本身就是一种表达。在这种表达中，你梳理清楚了自己的情绪，也没有对其他人或者彼此的关系造成伤害。

2.看看在这件事情中，引起你愤怒的点有哪些。

每一件触发我们愤怒情绪的事情，其中都会有一些点是很能触动我们的。请你找出来。

3.找到这些引发你愤怒的点和你以往经历的联系。

没有无由来的情绪。当我们因为一件事情产生情绪，其中一定有某些因素关联到我们内心深处的一些东西。

4.思考一个问题：你现在的愤怒，是否和过往的经历有关？

找到那些触发你愤怒的点与你过往经历的联系。

5.现在，换一种与过往经历中不一样的反应应对当下你所面临的事情。

在你意识到问题，并且发现问题的原因之后，你可以试着换一种方式解决它。如果以前你没有成功解决这类问题的经验，何不让自己开始一点点改变呢？

🗝 自我康复训练

1.你有愤怒管理方面的困惑吗？如果有，请继续看下去。

2.如果让你给自己现在的愤怒控制力打分，0分是失控，10分是完美，你给自己打几分？

3.你期望达到的样子，在你的评分体系中你给自己打几分？

4.在你所有的经历中，有没有某个时刻，你觉得自己曾经为这件事情做了一些努力，对这类问题有一些好的效果？当时你做了什么？

5.如果有好的经验，你觉得能运用到当下你正在面临的事情上吗？

6.如果没有好的经验，你觉得自己现在可以做一点怎样的改变，让自己处理当下的问题有一点效果？

7.你现在的样子，和你期待的样子，分数的差距是多少？

8.你打算用多久达成自己的期待?

9.如果把这个时间延长一些,比如三倍,那会是多长时间?

10.如果每天都按照你能做到的一点点努力去做,这对于你来说困难吗?

11.如果困难,你可以每次少努力一点。如果这样,你能坚持下来吗?

12.按着你努力的方法,大概多久能够达成你的期待呢?

13.这个时间和你计划的时间差距大吗?

被动攻击：充斥着愤怒的糖衣炮弹

"破坏一段关系最有效的方式，就是被动攻击。"

请同事帮忙时，他满口答应，但是一转眼就把承诺忘了；妻子出门前嘱咐丈夫打扫房间，他却把房间弄得更加凌乱；每天被辅导作业的孩子，不是写作业越来越拖沓，就是怎么教都教不会……

上面这些情境每天都在生活中上演，我们困惑于怎样努力对方都没有改变。明明他们看起来也在努力，可是为什么情况一点都没有好转？看到这种情况，我想我们最直接的反应大概就是愤怒，但是理由呢？因为对方没有遵守承诺吗？大多数时候，我们反而会因为对方无辜的样子而对自己的愤怒感到自责。

上述情形都是被动攻击[1]的表现。被动攻击是一种表面上波澜不惊但通过隐蔽的间接的方式表达敌意的消极行为。被动攻击的人通过一种被动的、隐蔽的、消极的方式发泄情绪。也许他们在生活中遭受了很多引发他们情绪的事情，但是出于某些原因无法直接表达，只能通过引起对方不舒服的方式使自己得到心理平衡。

除了有意识地被动攻击,有时候人们也可能在无意识的时候这样做。如果一个人处于弱势地位,在遭到攻击的时候没有能力直接反抗,他在直接的行为上可能会表现出妥协,但是这不代表他对遭受的攻击没有感受或者内在的反应。压抑的情绪没有消失,而是会慢慢发酵,有可能发展为一种连当事人都意识不到的反击,也就是被动攻击。

在面临别人的被动攻击时,我们会感到双倍的难受。一方面,被动攻击是一种攻击,遭受攻击我们本能的反应可能是受伤、愤怒;另一方面,被动攻击者会表现出一种无辜的样子,这会使我们感到内疚、自责。

其实,被动攻击是一种非常破坏关系的行为。在一段关系中,争吵和对抗都不可怕,因为它们给我们机会去看到矛盾,但被动攻击往往是很难察觉的。长期处于被动攻击的环境中,不仅会破坏关系,还会使遭受被动攻击的人的心灵遭受不可磨灭的伤害,而且这种伤害是悄无声息的。

那么,你是否存在被动攻击行为呢?下面是一份自检表,可以测试一下。美国心理学会(APA)认为,满足以下四点或更多即可被认作被动型攻击行为。

1. 对正常的社交和工作安排持消极态度

2. 常常感受到被误解和不被欣赏

3. 情绪长期不佳,与人争执的心思严重

4. 频繁地、无理由地攻击权威

5.嫉妒和怨恨那些比自己幸运的人

6.过分夸大、固执地抱怨自己的不幸

7.在充满敌意的蔑视与懊悔之间切换

*除此之外，拥有被动攻击型人格的人与病态自恋者的表现有相似之处。比如过高的自我价值感，缺乏对冲动行为的控制，缺乏共情能力并且自以为是。

咨询案例

安子，女性，26岁，某外企员工。

安子第一次到咨询室，是哭着进来的。哭了大约5分钟之后，她才开始说话。

安子是一家外企的员工，去年刚结婚。在旁人看来，她是非常幸福的，有一份令人欣羡的工作，有一个爱自己的老公，家庭事业双丰收。可是安子自己知道，这些幸福只是假象。在工作上，她一直维持着高速运转，虽然薪水不错，但是她已经连续几个月没有好好休息，整个人都面临着巨大的压力。而且，那个在婚前对自己百般呵护的男人，在婚后慢慢变得不在意自己。以前，只要自己有什么不顺心的事情，老公都会安慰自己；可是随着时间的推移，才短短一年，就已经发展成自己和老公说话的时候，他一边捧着手机打游戏，一边回应自己，有时候甚至像完全听不到她说话。安子说，婚姻生活才开始一年，她就已经有离婚的念头了。

安子对我讲这些话的时候，是一边哭一边讲的。她表现得义愤填膺,仿佛遭遇了天大的不公。我当时在想,也许是因为她在工作中遭遇了太大的压力,以致影响了她和老公的关系。我问她想通过咨询达成什么目标,她说她也不太清楚,希望明白自己到底怎么了,还有,自己要不要继续过这样的生活,换句话说就是自己要不要结束现在的婚姻。

在生活中,安子这样的情形并不少见,尤其是在一线、二线城市。在婚姻中,安子是更加强势的那一个,老公则显得弱势一些。安子习惯了在生活中和老公的相处中处于强势地位,她不觉得这有什么问题,但是对于一段关系来说,两个人长期处于不平衡的地位,终究会导致关系出现问题。

老公也许是因为不够强势,无法反抗;或者他很爱安子,不想反抗。但不管是什么原因,这都是理智上的想法。当一个人被攻击和压迫的时候,他会本能地反击。如果这种反击无法直接进行,就会变成被动地反击。在安子的婚姻中,老公就是在用被动攻击的方式,让她也感受自己经历的那些感觉。

在后续的咨询中,我们讨论了在她的婚姻中出现的问题。其实安子习惯了老公对自己绝对顺从,不仅是对老公,她从小到大,各种需要总是会被满足。她很难想象如果事情不按照自己的意愿发展,会有多么糟糕的情形发生。这实际上是一种控制,因为无法接受未来的不可控,所以一定要所有的事情都在她的掌控中。

事实上,关系出现问题从来不是一个人的事情,而是两个人互动的结果。在安子和老公的互动中,由于关系的开始是她强对方弱，这种模式一直延续了下来。这种互动或许没有什么变化，但是处于弱势的一方可能会感觉不舒服。感觉不舒服，又不能直接反击，自然就出现被动攻击了。在知道这些之后，安子做出了一些调整。从现实情况来看，老公其实没有她说的那么冷酷无情，而她也不是真的想要离婚。

安子开始尝试理解老公的感受，试着不再用一种居高临下的态度和老公讲话，果然，她慢慢找回了之前老公对自己呵护的感觉。

没有一段关系是完美的。在关系出现问题的时候，我们先要明白，这不是其中某个人的过错，而是互动的结果。

任何一个人的变化都会对关系有所影响。如果两个人都希望关系更好，而做出一些调整，就能解决关系中出现的大多数问题。

面对被动攻击，如何应对？

1.找到别人攻击你的理由。

一个人之所以攻击别人，一定是有原因的。尤其是在关系的互动中，没有无由来的爱，也没有无由来的恨。

2.思考在关系中你们之间出现的问题是什么。

是什么导致在你们的关系中，对方无法告诉你感觉，而只能用被动攻击的方式来表达？这种模式是否在你以往的关系中出现过？请试着总结，找到原因。

3.思考一下，你自己能做一些什么改变，让你们关系中的问题得到解决。

谁痛苦，谁改变。在关系中，感觉更不舒服的那个人可能会有更强的改变的动力。如果你对对方的被动攻击感觉不舒服，那么也许你可以试着找一些方式改善你们的关系。

当然，改善关系是一种方式，结束关系也是。如果你真的觉得自己对这段关系中出现的问题无能为力，可以告诉自己，你有选择如何做的权利。

4.关系中的问题解决了，你们的关系就会变得不一样。

关系中的攻击不是毫无缘由的。当被动攻击的模式的根源得到解决之后，这种模式也就消失了。

自我康复训练

1.在日常生活中，你会有表达不出来的情绪吗？

2.如果有，会是什么情绪？

3.这些情绪会给你带来什么影响？

4.如果无法直接表达，这些情绪会让你做一些并非你本意的事情吗？

5.他人是如何对你反馈的？

6.如果直接表达你的情绪,事情会有什么不一样?

7.如果让你直接表达,你会选择怎样的方式?

注 释

[1]被动攻击:一种心理防御机制。应用者会间接或直接地把应该针对别人的攻击性表达在自己身上。

面对全面否定式愤怒，我们该如何处理

"在我说你从来都不爱我的时候，实际上我只是在强调我的愤怒有多大。我当然知道你爱我。"

一个妻子卧病在床，给丈夫打电话，丈夫因为开会没有接，所以回家之后妻子向丈夫大发雷霆，说："你一点都不爱我！"

一个孩子在写作业的时候遇到了困难，苦思冥想了很久，终于解决了这个问题。在他向妈妈邀功的时候，妈妈睁开惺忪的睡眼，说："你写作业总是这么慢！"

这样的情形在生活中是不是很常见？

事实上，在上述例子中，妻子明明知道丈夫是爱自己的，对自己百般呵护，只是自己生病了不舒服，就因为没有得到对方的回应而生气；妈妈也知道孩子写作业没有那么慢，只是工作了一天已经很累了，还要陪着孩子写作业，有一股无名的怒火。

在这样的情境下，有情绪很正常，也很好理解。但是在我们说出"你一点都……""你总是……"的时候，明明只是想表达自己的情绪，希望对方能够理解，却把事态的发展推向了反方向。

那些脱口而出的伤人的话，也许不总是"无意"的。全好的或者全坏的妄想在很大程度上来源于婴儿期没有被好好地照顾。在一个婴儿降生之后，他的全世界只有母亲（主要养育者），而且在他们眼中，世界是不变的。如果婴儿体验到的母亲是抱持的、温暖的、及时满足的，那么在他的眼里母亲就是一个好的客体[1]。如果母亲有时候做得不够好，那么为了避免心中那个好的妈妈破灭，婴儿就在"好妈妈"之外，创造出一个"坏妈妈"，来承载妈妈身上坏的那部分。如果这两个部分在婴儿成长的过程中没有被整合，那么成人之后，这个个体就会在体验到一个人好的部分的时候，把他当作全然好的存在；而在体验到一个人坏的部分的时候，把他当作全然坏的存在。事实上，也许在他的意识中，他知道人是好坏并存的，但是在心理现实中，他只能把人当作全好的或者全坏的。而这一切都是为了要保证好的体验而一直存在。

现在我们重新看一下前文的例子。妻子明明知道丈夫是爱自己的，但是她只能将愤怒投射给全坏的丈夫，这样在她心里就能保有全好的丈夫的存在；妈妈明明知道很多时候孩子在学习上是很投入的，但是她只能把愤怒投射给孩子全坏的那部分，以保证孩子是好的这个念头不会消失。她们所做的这一切，恰恰是她们言语的相反面：其实你对于我来说是好的。

咨询案例

果果，女性，29岁，某律所助理律师。

果果第一次来咨询室的时候，带着一脸的愤恨。她因为在工作中遇到的一些困惑找到了我。

果果在日常生活中是一个很善良但是情绪很暴躁的人，她疾恶如仇。以前，她不认为这样有问题，但是现在这些行为影响到了她的工作。她很痛苦，不知道哪里出现了问题。律所的合伙人和她说得最多的一句话就是，不是所有的事情都是非白即黑的，大多数都处在中间的灰色地带。她不认同，但是也无法反驳。

在咨询刚开始的时候，她就和我说，希望我可以告诉她怎样做，帮她解决这个问题。我还记得我当时的回应是：我想情绪的事情不是我告诉你怎样做，就可以解决的；我想一定有其他人告诉过你可以怎样做，或者你其实也知道怎样做会更好一点，但是只要你觉得不舒服，就算你强迫自己那样做，也不会让你感觉好一点。

听了我的话，她沉默了一会儿，然后说她知道了，之后的一段时间都没有再提这个要求。随着咨询的进行，我发现和她的咨询非常顺利，好像无论我说什么，在她那里都像是至理名言。她的反馈好得很夸张。结合她谈到的自己在工作和生活中的状态，这应该就是她在关系中"分裂[2]"的表现。我知道，不管现在她说我有多好，在不久的将来，她可能会说我有多坏。

果然，咨询进行了几个月之后，有一次咨询她又问了我同样的问题，希望我告诉她可以做些什么去调整现在的状态。我没有直接回答她的问题，她突然爆发出强烈的愤怒。当时的场景我记得很清楚，她突然站起来，浑身颤抖着，伸出右手，用食指指着我,说:"我来了这么久,花了这么多钱和时间,每次一问你问题,你都不给我答案!大哥,你的嘴就那么严吗?开始的时候你和我说心理咨询师不会直接给建议,但是我来这里是干什么的啊?你总说我自己知道答案,我要是知道还来找你干什么?你太差劲了,今天你不给我答案,我就不走了!"果果显得非常激动,目眦欲裂地盯着我,像是要吃了我。这时候我意识到,咨询中改变的契机来了。

我看着果果,平静地说:"我看到你很愤怒。是啊,你带着期待来到咨询室,但是这个期待没有被满足,甚至现实的样子和你想象的一点都不一样,你感到愤怒很合理。我对你的愤怒也感到很抱歉。可是,我确实没有办法给你一个答案,因为我并不知道答案是什么。我想也许我没有你以前讲得那么好,也没有你现在说得那么差。我只是一个普通人,并不能解决所有问题。但是我相信,如果我们可以对我们遭遇的一切有一些尝试,也许问题的答案会自己跳出来。"

果果听了我的话,说了一句:"你赢了。"然后离开了咨询室。但是后面的一周她来到咨询室之后有了一些变化。她说自己回去之后思考了我讲的话,那些只是很简单的话,可是她以前从未这样想过。她一直觉得一个人要么完美,要么很差劲,即使她知道一个人不可能完美,每个人身上都有优点也有缺点,但是当她产生情绪的时候,"每个人都有好有坏"的理智就消失了。

当然,心理咨询是一个漫长的过程,她不太可能因为我的一句话就有很大的变化,但是这颗种子埋在了她心里。在那以后,她依旧在咨询中反复地把我投射[3]成全好的或者全坏的存在，但是我看到随着咨询的进展，她能够越来越客观、理智地看待我了，同样地，这也影响到她在生活中的模式。她的现实感得到了增强。

分裂的心理防御机制是一种心理发展水平处于早期阶段的人常用的防御机制，在他们眼中，所有的人和事都只有一面，不是好就是坏。

在咨询中和这类人工作，心理咨询师需要增强来访者的现实感，帮助来访者在咨询中将好与坏整合。也就是说，随着咨询的深入，来访者的心理现实会越来越贴近客观现实。

面对对方的全面否定，如何应对？

1.你需要对自己有客观的认识。

有时候我们会因为别人对自己的评价而陷入自我怀疑，这可能是因为我们对自己没有客观的认识。

知道自己哪里是好的，哪里是需要调整的，这样你就知道对方和你讲的是现实，还是只是他的想法。

2.体察自己对这件事情的感受。

想一想，在别人全面否定你的时候，你内心的感受是什么。

如果你因为这个评价感到不舒服，这很正常；但是如果对方的评价持续地影响你，也许你可以看一下是哪里出了问题。是对方真的说中了你的弱点,还是你对别人的评价过于在意。

3.把你的观察和感受反馈给对方。

及时地反馈和表达,能帮助你处理好情绪和感受,也能激活对方的现实感。

🔑 自我康复训练

1.在你最近的生活中,你有没有讲过类似"总是……""从来都……"这样的话?

2.当时你的情绪是怎样的?

3.在你讲这些话的时候,你是在表达情绪,还是在陈述事实?

4.你讲这些话的目的是什么?

5.你讲完之后,达到自己的目的了吗?

6.如果换一种客观描述的方式去重新讲这些话,你会怎样讲?

7.这样会让对方更容易接受吗?

8.这样的话会使你的目的更容易达到吗?

注 释

[1]客体：与主体相对应，指某个体的意愿、情感、行为所指向的人。

[2]分裂：一种心理防御机制。你把某些人看成是完全敌对的，而把另外的人看成是完全可爱的。

[3]投射：一种心理防御机制。你将自己的情感、冲动或者愿望归结在（你心理表象里）另一个人身上，扭曲你对待这个人的态度。

环境隔离：跳出来就是天堂

"当你陷在自己的情绪中，你就与世界失去了联系。"

你有没有这样的体验，当一个人被自己的情绪控制的时候，无论你说什么，他都听不进去。可能他平时是一个和善的、温柔的人，但是当他处在情绪中时，会变得非常可怕。无论是谁，如果他陷入情绪的旋涡，就可能会表现得完全不一样。那个时候，他已经不是他了。

在前面几节，我们谈到了愤怒情绪的各种表现，但是无论哪一种表现，只要一个人无法摆脱愤怒情绪的困扰，还困在其中，那么最终可能会对他的关系造成极大的破坏。因为，在情绪爆发时，我们实际上没有能力应对自己情绪之外的事情。

有一个成语叫恼羞成怒，很好地形容了愤怒的由来。恼指的是气恼，气恼自己的无能，气恼事情的失控，我们无法掌控；羞指的是羞耻，羞耻自己的无力，羞耻自己憧憬无法被满足的期待。又气恼又羞耻，这是让人很难面对的，所以我们需要一个更加"强大"的样子来掩饰和防御这些，于是愤怒产生了。

大部分的愤怒都可以这样解释：

一个妈妈因为孩子的成绩差而愤怒，实际上是因为孩子的成绩这件事情无法被自己掌控，这个妈妈体验到无能感与无力感，只能用愤怒来让自己显得更加有力。

一个妻子因为丈夫的懒惰而愤怒，实际上是因为丈夫是否上进这件事无法被她左右，她体验到深深的失控感，这激活了她的无能感与无力感，所以她只能用愤怒来表达。

事实上，无论是哪一种愤怒，对应的大抵都是一个人的自恋受到了损伤。全能感对一个婴儿来说是很重要的，如果他的全能感没有得到满足，那么他就可能表现出愤怒的样子。在婴儿心里，世界因他而转动。如果他没有一个好的养育者，自恋的部分没有得到健康发展，而是固着在婴儿时期，那么成年后他依然会用这种态度来应对现实。

而一个自恋健康发展的成年人，在面临可能使他愤怒的场景时，他的内在心理机制会高速运转，他会进行思考，这件事情为什么会让自己有愤怒的感觉，这种感觉来源于哪里。我们知道愤怒是次级情绪，也就是说，愤怒的情绪是由其他情绪引发的。所以一个能够不被愤怒困扰的人，他们能对自己有所觉察，知道自己的愤怒由何而来。去面对引发愤怒的感受，这会让我们不再被情绪困扰。

咨询案例

小明，男性，9岁，三年级学生。

小明是一个9岁的男孩，因为他很胆小，在学校总是和同学相处得不好，所以妈妈带他来到咨询室。

第一次咨询开始前，妈妈把小明晾在一边，然后和我说了很多他的"坏话"。比如小明从小就很胆小，身为男孩子居然怕虫子；在学校不敢和同学说话；带他出门总是怯生生的，见了人也不会叫……总之，在妈妈嘴里，小明是一个又懦弱又不懂事的孩子。小明在旁边听着，一开始还面露不甘，但是很快那种倔强的神色便消失了，他沉沉地低下头，不知道在想什么。

我示意需要和小明单独聊聊，妈妈这才不说了。她告诉小明要听话，不要瞒着心理咨询师。见小明没反应，她还呵斥了他。我制止了她，然后带小明进到咨询室，让妈妈在外面等候。

小明刚开始咨询的时候显得很紧张，也许是因为妈妈刚才的话，小明一直低着头，一言不发。我尝试和他交流，但他一直都怯怯的，说话很小声。我问他是不是感觉不舒服，他没有理我。沉默了很久，他突然点了点头。不过那次的咨询时间快到了，到结束的时候他也没有讲什么。

咨询结束后，妈妈凑过来问我小明是不是有问题，多久会好。我问她，你希望他有问题吗？妈妈愣了一下，说当然不希望。然后我没有在这件事情上再和她多说什么，只是说需要更多的时间来了解小明，让她下周同一时间带小明过来。妈妈有点迟疑，但还是答应了。

进行了几次咨询后，我从小明那里了解到，小明4岁的时候爸爸就去世了，在那之后都是妈妈一个人抚养他。其实小明很清楚妈妈很呵护自己，他不想辜负妈妈对自己的期望，但是妈妈的要求实在太高了，他用尽全力还是达不到妈妈的要求。而且，每次只要自己没有达到妈妈的要求，妈妈就会指责自己，久而久之，他在妈妈面前就变得特别没有自信，进而影响到他的日常生活，他在其他人面前也变得很胆小。他接受了妈妈给自己的设定：你是无能的。

作为一个单亲妈妈，小明的妈妈很要强，一个人抚养孩子也确实非常辛苦。但是她把所有的期待都投射到孩子的身上，这会给小明非常大的压力。我问小明他最憧憬的生活是什么样的，小明想了想，说他最期望的是看到妈妈多笑笑，就像爸爸还在世的时候一样。

其实，对于小明来说，他不是天生胆小，至少后来我了解到的情况是，爸爸去世之前，小明还是很阳光的。小明的胆小和怯懦可能受到爸爸去世的影响，但更重要的还是后来妈妈的状态对他的影响。妈妈把对自己的不满和要求，强加到小明身上，而作为一个孩子，小明全部的生活也只有妈妈，于是慢慢地他认同了妈妈的看法。但是作为成年人的妈妈都无法达成的目标，小明那么小的孩子怎么可能实现呢？于是，小明变成了妈妈口中那个弱小的、无能的孩子。可是，这不是小明的错。如果一个孩子出现了心理问题，有很大的原因在于养育者和他所处的环境。

在咨询一段时间之后，小明和我一起邀请妈妈来到咨询室。在小明和妈妈说出他最期望的事情是妈妈能多笑笑的时候，妈妈的情绪彻底崩溃了。

在结束那次咨询之后,妈妈和我聊了许久。她向我诉说了自己的不容易,同时,她也意识到自己对小明的要求太多而鼓励太少。她说会在生活中进行调整。

我想每个家长都一样,都希望孩子能够健康成长。

我们当然会对孩子有要求,但是,我们要区分什么是由于我们自己的需要而对孩子提出的要求,什么是我们考虑了孩子的需要而向孩子提出的建议。

当我们完全处在自己的世界中,陷在自己的情绪中时,孩子就会为我们的情绪买单;而当我们能够跳出自己的圈子,真的看到孩子的需要时,孩子才能真切地体会到我们的爱。

深陷愤怒中,如何自拔?

1.明确让你感到愤怒的是什么。

当一件事情激起我们的情绪的时候,我们不妨把自己生气的点写下来,进行梳理。

2.找到我们愤怒背后的情绪和感受是什么。

也许是无能感,也许是无力感,也许是对失控的恐惧、焦虑,也许是其他情绪。愤怒是一种次级情绪,它是由其他情绪发展而来的。

3.承认自己的不完美。

每个人都不是完美的,人生在世,我们会体验到很多无助与无能的时刻。你能接受这一点吗?你能接受自己不是全能的吗?如果你知道自己不能完成所有的事情,那么也许你的愤怒会随之减少。因为激起愤怒的感觉降低了。

4.尝试去表达你的感觉。

无论是向别人表达感觉,还是向自己表达感觉,都可以。

你可以找一个你信任的、感到安全的人,表达你的情绪;你也可以把自己的情绪写下来,静静地体会一下,然后让那些情绪随风而逝。

自我康复训练

1.最近有没有让你暴怒的事情?

_____

2.当时你是怎样处理的?

_____

3.你对自己当时的表现后悔吗?

_____

4.现在回想起来,这件事情中让你愤怒的点是什么?

_____

5.在你的愤怒里,实际上你还感觉到了什么其他情绪?

_____

6.现在再看,你能接受自己当时的感受吗?

_____

7.假如你知道人不是完美的,事情会有什么不一样?

_____

8.重新看待这件事情,你还感到愤怒吗?

_____

【自我评估】诺瓦克愤怒量表

诺瓦克愤怒量表是一个国际通用的愤怒测量问卷,最初由美国加州大学尔湾分校的雷蒙德·诺瓦克(Raymond W. Novaco)教授于1975年编制完成。本次测试在原问卷基础上作了一定改动,方便读者自我测评。

下面列出了25种可能导致烦恼的情形,评估以下情形惹恼或激怒你的程度,使用下面的评分比率表。

评分比率表	
0分	你感到没什么烦恼或烦恼很小
1分	你感到有点烦恼
2分	你感到恼怒(中度的)
3分	你感到相当愤怒
4分	你感到非常愤怒

1.你打开新买的设备,接通电源后却发现它根本无法工作。

2.你打电话叫来维修人员,却被对方欺骗,让你花钱更换更多零部件。

3.工作中你被领导单独拎出来改正错误,而其他人类似的行为没有被领导发现。

4.你的车在路上出了故障。

5.你正在和某人说话,但他对你不理不睬。

6.有人谎称他们有某种东西,但事实上他们没有。

7.在咖啡店,当你端着咖啡往桌子走的时候,有人撞到你,咖啡溅了出来。

8.有人把你挂好的衣服碰到了地上却没有捡起来。

9.从你进店的那一刻起,导购就一直跟着你。

10.你已经和某人约好,结果他放了你鸽子。

11.被人开玩笑或被人奚落。

12.红灯了,你的车停下来,但后面的人不停地冲你按喇叭。

13.你在停车场不小心转错了弯,有人冲你喊:"会不会开车!"

14.别人犯了错,反而责备你。

15.你正想集中精力,但是你周围的人在用脚打拍子。

16.你把某件重要的东西借给某人,他却不还给你。

17.你快忙晕了,但是别人抱怨说,你本来答应做某件事情,而你忘了做。

18.你想和别人讨论某件重要的事情,但是他不给你机会表达你的感受。

19.你和某个人在讨论,这个人坚持要讨论他们所知甚少的话题。

20.当你和某个人进行讨论时,另一个人坚持要插话。

21.你需要赶快到某个地方去,但是你面前的汽车在40千米每小时的区域里以25千米每小时的速度行驶,你没法往前开。

22.踩在一块被嚼过的口香糖上。

23.当你路过某地时,受到一些人的嘲笑。

24.匆匆忙忙要去某个地方,结果你的一条很好的休闲裤被铁丝刚破了。

25.你的手机快没电了,当你想尽快表达时对方却问个不停,结果没说重点手机就关机了。

评分标准

将所有选项的分数相加,得到总分。

0—45分:你很幸运,你很少受愤怒、烦恼情绪的困扰,实属不易!

46—55分:你的状态不错,你的情绪比一般人更平静。

56—75分:你对生活的烦恼抱以愤怒,你需要改变这样的状态。

76—85分:你经常用一种愤怒的方式对待生活中遇到的烦恼,事实上你比一般人更易被激怒。

86—100分:你就像一个"定时炸弹",经常被狂怒反应折磨,而且这种反应不能很快消失。你可能经常会感到紧张、头痛、血压升高。你经常会因为被愤怒控制,爆发出敌意,并使自己陷入麻烦。

(测试结果仅供参考,不代表临床诊断)

【心理调节】控制愤怒的心理学技巧

愤怒管理是一个很大的课题,在这里我们分享5个控制愤怒情绪的小技巧。

1. STOP原则

S指的是在情绪来临的时候先让自己停下来,不要急着去发泄;

T指的是做一下深呼吸,使自己冷静下来;

O指的是重新观察和确认一下现在的情况;

P指的是重新评估之后,再进行接下来的行为。

当处于愤怒情绪中时,我们需要让自己冷静下来,比如先做一个深呼吸,让自己在内心先数几个数,而不是急着反应。因为在冲动的时候,人们往往无法做出适应性的行为与决定。在理智回来之后,我们就有更多的可能去处理愤怒情绪。

2. 愤怒回放

一味地压抑愤怒对人没有好处,但是一下子把愤怒全部发泄出来,对人的影响往往是破坏性的。

当感受到愤怒的时候,我们不妨在内心体验和感受一下这种感觉,运用想象的方式,在脑海中想象自己表达愤怒的模样,这会在那时帮助我们更好地处理愤怒的情绪。

3.换位思考

有时候，我们只是陷在自己的圈子里，所以无法摆脱愤怒的陷阱。如果我们能先让自己冷静下来，然后试着换位思考，我们会发现对方可能没有恶意。

如果你近期正受到愤怒情绪的困扰，请尝试以换位思考的方式并记录感受。

_____

_____

_____

4.提问法

当愤怒来临时，我们可以试着问自己一个问题："这件让人生气的事情，真的需要我去表达或者做出愤怒的行为反应吗？"当我们试着问自己这个问题，多问几次之后，通常愤怒的程度就会降低。

提问模板：

"这个人值得我生气吗？"

"这件事值得我生气吗？"

"如果我没能控制住情绪，后果会怎么样？"

根据自身情况，设置一些问题模板：

提问模板1：_____

提问模板2：_____

提问模板3：_____

5.书写表达

当感到愤怒时,不妨感受那些带给我们愤怒的人或事,激起了我们什么感受。我们有什么想说的或者想做的,可以把它们写下来。书写也是一种表达,能够起到表达愤怒的效果,而且比直接用言语和行为表达愤怒有效得多。

写下你的愤怒:

_____

_____

_____

_____

第四章

直面内心的恐惧,才能拥有幸福的人生

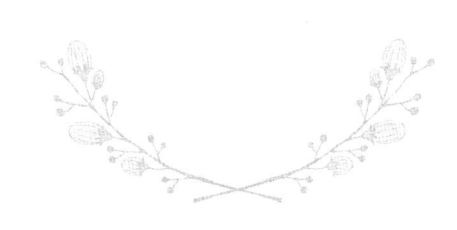

为什么我们总是感到恐惧

"一个人若是恐惧痛苦,恐惧种种疾病,恐惧不测的事情发生,恐惧生命中可能的危险和死亡,那么他就什么都忍受不了。"

恐惧是一种比较常见的情绪。从进化心理学的角度来讲,恐惧源于自我保护。比如,一个人会本能地恐惧黑暗,恐惧野兽,这都是在进化的过程中留在基因中的本能的恐惧,这些恐惧是原发的,来自人类的本能。

在原发的恐惧之外,我们在日常生活中还会体验到很多其他的恐惧,这部分恐惧大多来自后天的习得。比如一个人恐惧水,可能在他成长的过程中有过溺水的经历;有的人害怕楼梯,可能他曾经在楼梯上摔倒,给他造成了伤害。这部分恐惧虽然是后天习得的,但其实是与本能的恐惧相关的。虽然这些后天习得的恐惧在人类群体中不具有普遍性,但其本质是一样的,都是为了保护人的安全。

除了本能和后天习得的恐惧之外,还有一部分恐惧,是我们在生活里经常体验到的。比如对死亡的恐惧,可能我们恐惧的不是死亡本身，而是一个人"死"了，这意味着他和世界上的任何人不再有联系，他恐惧的实际上是关系的消失，是存在感的消失；比如一个人害怕失败，可能他恐惧的不是失败本身，而是失败后随之而来的指责，或者他的意义感和价值感的消退。这部分恐惧可能看起来很难被其他人理解，因为它们都具有特异性，但这部分恐惧对人的影响是最大的。

每个人都有自己恐惧的东西，不管是原发的还是习得的，抑或是源自生命历程激发的那些恐惧。事实上，恐惧不是一件坏事，因为恐惧的情绪，我们能够更加迅速地觉察到危险，保护我们自己。但是有时我们会被恐惧的情绪困扰，那时就需要我们去探索、学习一些方法，让我们的心情更舒畅。

咨询案例

晓静，女性，39岁，某公司中层管理。

晓静给我的第一印象是一个很干练的职业女性。在咨询最开始的时候，她只告诉我听说很多人都在做心理咨询，她想体验一下。说实话，我不太清楚她来咨询室是做什么的，不过她很坚持，而且看起来她似乎有些话没有讲，毕竟是第一次见面。所以我们的咨询就这样开始了。

经过三四次咨询，她突然和我讲到工作中的一些事情。她说总是觉得自己带的项目组会出现叛徒，把自己的资源出卖给竞争对手。我问她这个想法从何而来，她和我讲了三个月前的一件事情。

三个月前,晓静的一个朋友,也是另一个项目组的负责人,就是被自己的下属出卖了。下属把重要的商业信息窃取并转投到竞争对手的公司,这让她在公司里很抬不起头,而且担了很重的责任,甚至她的领导一度想要裁掉她。以前晓静从来都没有下属可能会背叛的念头,但是从朋友口中了解到真相之后,她开始对这种情况恐惧起来。最近,晓静看着自己的下属每个人都像是要背叛她的样子,因此她在工作上很难专心,甚至犯了很多低级错误,领导已经开始对她不满了。下属见她这个样子,过来关心她,她却如临大敌,把他们都赶走了。现在,公司里已经传开了,她在大家口中成了更年期提前的典型,甚至在一些人口中,她已经和疯子别无二致。

晓静也不知道自己怎么了,即使她理智上知道自己的下属不会背叛自己,但她还是无法驱逐自己脑海中的念头。事实上,听闻朋友被下属背叛的这件事情,激活了晓静内心那个"被背叛"的心结。在她3岁的时候,父母就离婚了,在那之后,她再也没见过妈妈。对于一个3岁的孩子来说,妈妈的突然消失意味着自己被妈妈抛弃、背叛了。这件事情导致的结果是,她很难相信一个人会真心地、永远地"不抛弃"她。随着时间的推移,她慢慢长大,她以为这种感觉会随着自己的成长慢慢消失,但事实不是这样,那种被抛弃的恐惧一直都在,直到类似的事在其他人身上发生了,就直接地激活了她的这种感觉。

在我们后续的咨询过程中,我们谈论了她对背叛和抛弃的恐惧。从小时候的经历和感受开始，一直谈到她曾经面临的抛弃和现在经历的一切。她始终恐惧自己会被抛弃和背叛，但是随着咨询的进行，她越来越能意识到，现实中有些人是不会背叛她的，比如她工作中的下属。

她开始消除下属可能会背叛她的恐惧，虽然还是有这种担心，但是这种担心已经不会影响到她正常的工作和生活。

任何情绪和感受的产生都是有原因的。或许不是一件固定的事情导致一个固定的结果，因为一件事情对于人的意义不在于这件事情是什么，而在于这件事情带给我们的感受是什么。而每个人对事情的感受都是不一样的。但是有相似感受的人，也许他们曾经历过一些类似的事件，而这些相似的感受可能是由早期类似的经历激发的。

如何克服自己的恐惧情绪？

1.找到你所面临的最让你恐惧的情形。

2.在这件事情中，找到最让你恐惧的那部分。通常来说，恐惧的情绪是由一件事情中的某部分激活的，而不是由这件事情的全部激活的。

3.具体描述一下你感受到的恐惧情绪，回想是否曾经有类似的感觉。恐惧是一种初级情绪，它与本能或者早期经历直接相关。我们当下所感受到的恐惧可能是被当下经历的事情直接导致的，但是这件事情可能不是根源。恐惧的根源大概在于激发一个人早年体会到的恐惧的现实事件或者心理现实。

4.把你找到的早年的恐惧的感受写下来。回顾早年的经历中让你恐惧的事情，那时你的感受是什么？你可以表达出来吗？

5.告诉自己当下的恐惧不来源于你现在所经历的事情。

6.接下来，也许你对当下面临的事情的恐惧会少一点。

7.对于早年的恐惧的处理，我们会在后续的章节讨论。

自我康复训练

1.你最近一次感受到恐惧情绪是什么时候？
_____

2.当时你正在经历什么事情？
_____

3.如果让你用三个形容词描述你的恐惧，会是什么？
_____

4.你曾经有与之类似的恐惧情绪吗？
_____

5.当时你是如何处理的？
_____

6.你的处理是有效的吗？
_____

7.如果你的处理是有效的，你觉得你成功的经验是否可以运用到最近的情况中？

8.如果你以前的处理无效，那么你是怎样消除那种恐惧的感觉的？

9.现在你觉得自己可以做一点怎样的改变，让自己好一点？

10.如果这种改变可以持续地进行，累积起来，你觉得你的恐惧情绪会消除吗？

墨菲定律：你越害怕，就越容易得不到

"一切幸福并非没有烦恼，而一切逆境，也并非没有希望。"

如果有两种选择，其中一种将会导致灾难，则必定有人会做出这种选择。这是墨菲定律的原话。于是有很多人把它慢慢发展为，只要你想到坏事可能发生，那么坏事就一定会发生。但后面这种描述是错误的。

任何一个概率大于零的事件都可能发生，只要时间够长。我想这是墨菲定律想要表达的意思。但是一些人的解读对很多人产生了误导，把"可能"发生，变成了一定发生。举个例子，一个人走在路上，可能会被陨石砸到，这个概率极小，但是一定大于零。比如亿分之一，十亿分之一乃至万亿分之一。从理论上说，只要这个人存活时间够长，走在路上的时间够长，那么这件事情确实有可能发生。但是，这不代表他明天在路上走着走着，就会有一颗陨石砸向他。如果这个人因为恐惧被陨石砸到而不再出门，就是因噎废食。

上面的这个例子很好理解，因为我们理智上都知道自己不会

掌控你的心理与情绪
高情商者如何自我控制

被陨石砸到。但是在生活中我们往往会因为类似的事情而感到恐慌。比如，一个人会恐惧被狗咬而不敢出门，即使我们知道出门被狗咬的概率很小，但是他依旧深陷于这种恐惧中无法自拔。这个例子可能在生活中不算那么常见，我们再举个例子。比如，一个人恐惧被拒绝，而无法向别人提出自己的期望。这种情形在生活中很常见，但是我们在向别人讲出自己的期望前，真的能确定别人一定会拒绝自己吗？如果被拒绝的概率不是百分之百，那么是不是我们丧失了一种被满足的可能呢？

我尝试把墨菲定律反过来阐述，如果有两种选择，一种会导致期待的情形出现，那么一定会有人做出这种选择。这样说是不是感觉瞬间不一样了？但是，这和一开始那句话实际上是相同的意思。

当然，前面我们讲的内容都是理智思考、分析的结果，但人不是完全理智的动物，我们区别于低等动物的重点，在于我们是有情感的。毕竟，没有哪个人做事情之前，会把每件事情都列出一个期望分值，不是吗？

之前我们谈过很多心理分析的内容，如果我们把前面谈到的恐惧做一个心理分析，我们会发现，其实一个人所遭遇的情况是不是糟糕的，不在于他做出怎样的行为，而在于做出这一行为前，他的内心活动是怎样的。再举个例子，一个妈妈对孩子做出和善的行为，不意味着孩子接下来就会和她的关系更好。如果这个妈妈在内心深处藏着对孩子的愤怒，即使她说的话、做的事是和善的，孩子也能感应到她的情绪并非如此。而如果她对孩子是发自内心地爱、呵护，即使她做得没有那么好，孩子和她的关系也会比较好。我们常常讲，做一个60分的妈妈就够了，其实60分说的是行为而不是心理。在你的内心有对孩子100分的爱，而且你的行为有对孩子60分的呵护，这样孩子才会健康成长。

咨询案例

木木，女性，23岁，大四学生。

木木第一次来咨询室的时候，是她临近毕业的最后一个学期。她感到很迷茫，不知道毕业之后自己可以干什么。本以为自己可以考上研究生，这样就能在学校里再待三年，但是考试结果出来后，她落榜了，于是现在她面临着去工作还是继续考研的抉择。她试着去外面找工作，但每一种工作她都不喜欢。她和我说，对未来很恐惧，不知道明天会面临什么。

木木依旧每天待在学校里，她以为自己可以用剩下的时间再享受以后可能再也不会有的大学时光，但是她做不到。每天早上一睁开眼，舍友都已经离开宿舍了，晚上睡前她们才回来。大家凑在一起聊自己的工作，还有将来要去的学校，但是木木很难参与进去。她发现，生活一下子变得不一样了。她变得越来越孤僻，经常整天躲在宿舍里，以往的兴趣爱好好像突然间变得索然无味，她甚至可以坐在床上发呆，从早上醒来一直到晚上睡前。

诚然，从学校向社会的过渡是每个人都会面对的难题，在这个时期感到迷茫的不单单是木木一个人，但是她现在的状态似乎与别人不太一样。

在后来的咨询中，木木告诉我，她从小就没有自己的规划和自己的决定，似乎一切都已经被安排好。在哪里上幼儿园、小学直到高中，每天在什么时候学习，什么时候休息，应该参加一些什么活动，等等，这一切都是被安排好的。在她的生活里，她似乎只是一个参与者，甚至可以说是一个旁观者。直到高考之后，她不顾家人的反对，填报了一所离家很远的大学，填报了心理学专业，她以为自己可以摆脱这种被控制的局面，但是真的要事事由自己做主了，她很不习惯，甚至非常恐慌。在她的世界里，她习惯了一切都是有目的的，习惯了一切都是有安排的，于是在面临毕业之后的生活的种种不确定的事情上，她感到强烈的失控感，而恐惧的来源，正是这种失控感。在这种失控感中，她觉得自己不存在了。

失控其实是任何人都可能会恐惧的感觉，因为那意味着不确定，意味着个体可能会面临无法预知的危险。要解决这个问题，我们可能有两个思路：一个思路是解决失控的具体事件，让事态的发展重新回到"轨道"上，但是失控感在生活中会时常出现，这样看似解决了问题，但效果可能只是暂时的；另一个思路是我们去充分体验失控的感觉，探索失控的恐惧是怎样的，如果能够使这种恐惧少一点，那么对于解决这个问题根源就会有所裨益。

在和木木的咨询中，我们选择了后一个思路。当然，她当下面临的问题确实需要解决，所以经过协商，我们用了大约8次咨询讨论她当下面临的局面。虽然在木木的感觉中，未来可能是一个令人担忧和恐惧的局面，但现实并非如此。在我们具体谈到她当下面临的情况时，我发现其实有很多家公司和机构给她发来面试邀请，面试后也有好几家单位发给她录取通知。在看到这个事实的基础上，尽管她看起来不太有信心，但是在我的支持下，木木说她想尝试一下，兴许自己可以做好。

在木木入职之后，我们开始谈论失控带给她的恐惧具体是怎样的。她说这种失控让她有一个想象，就像是一只被圈养的肉猪，不知道哪一天就会被卖掉、宰了，她的命运不由自己操控。她想逃，却很难逃离。所谓的逃，就是逃离那个圈养自己的家庭吧，她这样告诉我。虽然自己在空间上离开了，但是也许在心理上还是和家庭在一起。

经过一段时间的咨询后，木木突然和我请假。当她再次回到咨询室的时候，她告诉我，她回到家和爸爸、妈妈说了自己的感受，这件事情对于她来说是一个重大的突破。她终于意识到可以试着为自己而活了。当然，改变不是一蹴而就的，在那之后木木的状态依然会有反复，但是她确实开始在为自己而活了。尽管艰难，但是她在这样做。

怎样摆脱对未来的恐慌？

1.把你当下对未来感到最恐慌的事情写下来。

2.在这样的恐慌中,你觉得最影响你的感受是什么?请体会它。

恐惧是一种常见的情绪,通常我们恐惧的可能不是事件本身,而是这个事件激起我们的某种情绪或感受,这种情绪或感受让我们很难接受,还可能在心理层面引发危险。

3.如果可以和现实相联系,请理智地分析你恐惧的事情发生的可能性。

大部分引起我们恐惧的事情,可能没有它看起来那么可怕。这个时候如果我们有足够的现实检验能力,就可以通过理智确认它是不是一件危险的事情。

4.请思考,假如我们想象的一件让自己恐惧的事情可能不会发生,那么让我们恐惧的实际上是什么呢?体会一下这种感觉。

事实上,这一步是第二步的拓展。在与现实连接之后,我们可能会对此有更多的认识。

5.做完上述步骤之后,再回过头来看看让你恐惧的状况,也许这个时候你恐惧的感觉会减少一点。

自我康复训练

1.通常你会对什么人或事感到恐惧?

_____

2.在他们的身上有没有一些类似的特征?

_____

3.那些相似的特征是你恐惧他们的理由吗?

4.如果是,那么在你的成长过程中,有没有过类似的恐惧的感觉?

5.当时触发你的恐惧的人或事是否也存在这种类似的样子?

6.如果让你去想象那些恐惧可能发生,可能会是什么样?

7.现在,想象自己足够强大,可以打败你恐惧的人或事,你会用怎样的方式?

8.在打倒他之后,你觉得你恐惧的程度和之前相比有没有什么变化?

社交恐惧：直面恐惧，赢得幸福人生

"每个人都有不同的内心世界，同一个刺激对不同的人具有不同的意义。"

人是一种活在关系里的存在，因为有关系，就会有各种互动和连接。在很多人心里，其实对社交活动存在焦虑，这种焦虑如果不加以控制使其越发严重，就会慢慢转变为对社交的恐惧，对人际互动的恐惧。

个体从人格特点来说，可以简单地分为内向型和外向型两种。内向的人从独处中获取能量，外向的人更倾向于在社交中充实自己。事实上，这二者没有好坏之分，它们是与生俱来的。如果一个人是内向的，不意味着他无法进行社交活动；如果一个人是外向的，也不意味着他无法独处。只要是不影响个体本身社会功能的特质，都不能说是完全非适应性的。

真正需要进行调整的是那种可能会在社交中感到过度焦虑和恐惧，甚至影响其正常社会功能的人。

在人际活动中，可能我们每个人或多或少都会有所焦虑。比如，我们会担心别人对自己的评价，以致在面临人际活动时感到紧张；比如，我们的自我评价比较低，以致总担心自己做得不够好，不管事实是怎样的，我们都会感到焦虑；比如，本身我们就不喜欢社交活动，但是出于一些需求我们需要这样做，所以在进行社交活动时会感到抗拒。在人际活动中感到焦虑，可能和一个人的人格属性有关，但是如果发展到对社交的恐惧甚至更严重的情况，就可能与这个人对自己的评价过低，或者自我效能感过低有很大的关系。

咨询案例

小悦，女性，20岁，职高学生。

小悦是我心理咨询职业生涯的第一个来访者，我对她的印象很深刻。我记得她是在网上找到我的信息联系我的，在她提出想要预约咨询之后，我告诉她我的工作室地址。不过，她说不想见面，甚至视频也不行，只能接受语音的形式。我尊重了她的选择。在后来的咨询过程中，我才知道，原来对于她来说，出门到一个公共场合，是一件非常困难的事情。

前面的几次咨询，小悦显得很紧张，甚至声音都是颤抖的。她和我讲了自己在人际关系中遇到的难题，她几乎没有办法和同学讲话，也不敢去交朋友。一见到别人，她就会脸红。所以尽管她特别渴望有好朋友，也特别羡慕那些能够在人际交往中游刃有余的人，但她还是没有办法迈出第一步，和别人讲话。

在听了小悦的这些话之后，有一次咨询我和她说："谢谢你能信任我，和我讲这么多，对于你来说和人讲话那么困难，但是你依然愿意和我讲那么多话，对于你来说一定很不容易吧。"那一次的后半段，小悦几乎就没有讲话了，不过我通过电话，似乎听到了隐隐的抽泣声。

之后的一次咨询，小悦说想要试一下视频的方式，那是我们大概第十次咨询的时候。那是我第一次看到小悦的样子。她之前和我说自己有多丑，但是看到她的时候我完全不能把现实中的她和她口中描述的自己对上号。她看起来很紧张，眼神飘忽不定，显得很拘谨。不过她的样子是那种邻家少女的类型，让人感觉很舒服，不会有压力。我们的第一次视频咨询，过程大概就是她讲一句话，然后开始脸红，停顿大约10分钟，然后再讲第二句话，再脸红、停顿、讲话……那次咨询她实际上没说几句话，不过我知道那对于她来说是一个多么大的突破。

从那以后，我们就改成了用视频的方式进行咨询。小悦从一开始的讲一句话就要沉默很久，到后来基本上可以和我对话，大约花了半年时间，做了20次咨询。

再后来，我了解到，小悦的父母在她很小的时候就离婚了，她跟着妈妈一起生活。妈妈对她常常是拒绝的，总说她是累赘，因为她自己错失了多少幸福的可能。小悦生活在这样的环境中，开始越来越不自信。每当处于社会环境中，她都要关注别人是不是在注意自己，关注自己会不会哪里做得不好引来别人的指责和评判。她说，有时候甚至不知道自己是谁，为什么在这个世界上活着。

她很少表达自己的情感。在生活中,她能够交流的对象就是妈妈,但是妈妈不会听她的感受是什么,久而久之,她就忘了怎样表达自己的感受。在咨询中,她也很难表达自己,也许不是她不想表达,而是不知道该如何表达。

小悦的咨询大概持续了一年,50多次。在整个咨询过程中,我只做了两件事情。一是帮助她把她没法表达的感受讲出来,并给这些感受命名;二是当她学着去表达自己的感受时,给她一些支持和鼓励。

当我们结束咨询时,她告诉我她交到了两个朋友,而且是那种可以谈自己真实感受的朋友。我为她感到开心。

我觉得咨询之所以有效,可能更多的部分取决于她真的很努力。

今天,时隔几年我再次想起这个案例的时候,我有了一些不同的体验。那个时候,面对我的第一个来访者,尽管我会感到无力,也没有什么经验,不太知道怎样做心理咨询,但是我记得我面对来访者时非常真诚。

其实很多时候,在心理咨询中来访者可能不需要一个心理咨询师多么厉害,有多么丰厚的经验。事实上,心理咨询是两个灵魂的碰撞,有时真诚的陪伴对于一个人来说就已经极具疗愈作用了。

如何克服社交恐惧？

1.弄清楚在社交中你害怕的是什么。

当你感到焦虑或恐惧时，你的大脑中正在进行怎样的化学反应？告诉自己这些都是正常的，仅仅是你的大脑对于外界刺激的反应。

2.尝试用积极的念头替换消极的念头。

试着把你想象的坏的结果，用一个好的结果替换一下。告诉自己每个人都会犯错，即使犯错了也没有那么可怕。

3.试着给自己一些鼓励。

如果你能鼓励一下自己，那么你就能做得更好。

4.当你感到情绪太过激动时，告诉自己，停一下。

一个人在情绪中很容易做出一些和想象中不相同的行为。当你觉得自己的情绪太过激动，给自己一点时间和空间，让自己放空一下。

5.舒展你的肢体。

身体和心理是相互影响的。你做出一个更加放松的动作，会使你的心理更加放松；你做出一个更加开放的动作，也会让你的胆怯慢慢消失。

6.你可以提前做一些准备，但是不要给自己太大的压力。

如果你感到焦虑，从现实层面来说，做一些准备是能减少焦虑的。但是不要勉强自己，告诉自己，其实你不需要做得那么好。

自我康复训练

1.在人际关系中,你会担心别人对自己的评价吗?

_____

2.如果会,你会担心别人对你做出怎样的评价?

_____

3.如果有一个人像你担心的那样评价你,你觉得他是恶意的吗?

_____

4.思考一下,在你担心的评价中,实际上你是不能接受自己的哪些部分?

_____

5.如果让你做出一些改变,让那些你不能接受的部分变得不一样,你愿意吗?

_____

6.如果你愿意改变,你可以怎样开始?

_____

7.如果你不愿意改变,那么你觉得这种不能接受,情况真的很严重吗?

_____

婚前恐惧症：每次退缩都在为幸福积蓄力量

"在盒子打开前，你永远不知道盒子里的猫是死是活。"

"薛定谔的猫"是奥地利物理学家薛定谔提出的一个理想实验。他设想，将一只猫关在装有少量镭和氰化物的密闭容器里。镭的衰变[1]存在概率，如果镭发生衰变，会触发机关打碎装有氰化物的瓶子，猫就会死；如果镭不发生衰变，猫就存活。

根据量子力学[2]理论，由于放射性的镭处于衰变和没有衰变两种状态的叠加，猫就处于死猫和活猫的叠加状态。但是，按照常识，我们知道一只猫处于既死又活的状态是荒谬的，所以这种状态不成立。

据说，薛定谔提出的这个理想实验假设是一种讽刺，是对哥本哈根学派[3]物理学家提出的"人类意识具有特殊的独特地位"的嘲讽。如果人类意识决定波函数[4]崩塌，那么上述的实验就会创造出一只既死又活的猫。

这个嘲讽很有力度。但是之所以在这里提到这件事不只是在讲一个段子，而是想说明在很多时候，我们在生活中也会有这种

"人类意识具有特殊的独特地位"的想法。

举个例子,两个人在结婚之前可能会对婚姻、对关系和对自己生活状态的改变产生焦虑和恐惧的感觉,这种感觉可能会使他们开始"胡思乱想",并且认为自己的胡思乱想是真实的,这就是"意识决定现实"的表现。比如,担心婆媳关系;担心进入婚姻就没有了激情与亲密,只剩下琐碎的生活;担心婚后不自由,自己没有时间和空间;女性担心婚后会丧失魅力,婚姻会成为爱情的坟墓……当然,这些担心不一定都是多余的,或者都是臆想出来的,它们的存在可能是有现实基础的,但这不意味着这些我们担心的事情一定会发生。

担心和恐惧确实是负面情绪,但是负面情绪的存在不总是坏事。比如,在上述例子中,一个即将步入婚姻的人会本能地对生活的变化产生焦虑与恐惧,这是一件正常的事情,情绪不是非适应性的。可能我们在有这些情绪的时候,会想要退缩,甚至我们已经这样做了。但是,如果能够在退缩之后产生一些新的领悟,那么对我们面临的具体事件也许会有一定的积极意义。新的领悟可以让我们在面对这件事情的时候产生一些新的行为,而这些新的行为有可能让我们更加幸福,或者更好地处理我们面临的情况。

⚙ 咨询案例

湘湘,女性,25岁,小学教师。

掌控你的心理与情绪
高情商者如何自我控制

湘湘给我的第一印象是一个元气满满的少女，她第一次来到心理咨询室的时候扎着一个马尾辫，穿着一套制服。也许因为她的工作是每天和孩子在一起，所以显得有点稚气未脱，有一种邻家女孩的感觉。

湘湘和男朋友是大学同学，他们从大二就开始在一起，到现在已经5年了。最近，他们把结婚这件事情提上了日程，但是随着婚礼日子的临近，湘湘却越来越想要逃跑。习惯了之前两个人在一起的状态，面对突如其来的改变，湘湘显得有点手足无措。

刚开始咨询的时候，湘湘的焦虑状态很严重，每次咨询她都在和我讲自己恐惧的事情。因为他们在一起的时间比较长了，而且已经把结婚提上了日程，所以现在她经常到男朋友家里去。但是，她觉得男朋友的妈妈有点不喜欢自己。比如在吃饭的时候，他妈妈都不和自己讲话，只是和男朋友讲话，湘湘觉得很尴尬。吃完饭之后，湘湘抢着去收拾碗筷，但是每次都被他妈妈制止。湘湘说，如果未来的婆婆喜欢自己，她应该和自己说说话；如果她把自己当作家里人，应该不会阻止自己干洗碗筷之类的家务活。湘湘讲了很多类似的事情，好像在试图证明她不适合嫁给男朋友。

后来我问她，既然觉得不适合，为什么还要结婚。湘湘给我列举了很多理由，比如在一起时间长了，已经习惯了；双方家长见过面了，这时候分手彼此都没面子；任何两个人都不会完全合适，婚姻就只是两个人一起过日子……在这些理由里，我听到满满的无奈和认命的感觉。其实男朋友是湘湘的初恋，在此之前，

第四章
直面内心的恐惧，才能拥有幸福的人生

她从未谈过恋爱，也不知道和其他人在一起是什么感觉。她觉得一个人就应该从一而终，不管是恋爱还是婚姻。从湘湘的话中，我似乎感觉到"爱"对于她来说只是一个概念，而不是一种具体的感受。

对于湘湘来说，可能她口中的不适合，只是在为自己恐惧婚姻中可能出现的问题找理由；而当我问她既然不适合为什么还要在一起的时候她给我的那些解释，更像是她潜意识不能接受自己的恐惧而给出的一些防御性的解释。

在后续的咨询里，湘湘终于意识到，其实她说的所有理由，不管是好的还是不好的，都表露出她的担忧与害怕。她知道自己将要嫁给的这个人对自己很好，但是她不确定，将来他是否还会对自己这么好。如果将来有一些不由她控制的事发生，可能会使她陷入深深的后悔中无法自拔。换句话说，她不能完全相信，男朋友会一直爱她。或者说，她不知道男朋友现在表现出的对她的态度，是不是完全真实的。在湘湘的体验中，一旦一件事情朝着好的方向发展，那么接下来一定会有一些可怕的事情发生，这些可怕的事情是她无法承受的。

在我们谈到这里的时候，湘湘有了一些领悟。在过往的生活里，她总是担心会有不好的事情发生，所以她在每个结果发生之前都非常焦虑和恐慌。但是有些事情即使她有很多的担忧，也依然会发生，可能每次的结果并不像她想象的那么糟糕。但即使她知道结果可能是好的，依然无法停止自己的恐慌。对于这个部分，我们进行了深入的讨论。原来湘湘在小时候没有被父母好好

地满足，而且，对她很好的姥姥也在她很小的时候去世了。对于她来说，好的感觉就是和惩罚、恐怖相关联的。

当意识到这些时，湘湘突然对结婚这件事情有了不同的想法。她说，也许婚姻不像她想象的那么糟糕。她知道男朋友是爱自己的，而且自己想要嫁给一个爱自己的人。那么不管之后他是不是还会爱自己，至少此时此刻自己的感受是真实的。她想试试，就算结果不尽如人意，她依然想试试。她觉得即使结果是糟糕的，她也能承受。

其实我们每个人在生活中都面临着很多选择，而且不管我们的选择是什么，都有可能导致好的结果或者不好的结果。人生本来就没有完全确定的东西。

但这才是人生美妙的地方，因为我们无法预知未来，所以我们可以尽自己的力量让我们的未来朝着我们期待的方向发展。人生也许本无意义，但我们可以给人生赋予自己想要的意义。

怎样克服婚前恐惧？

1.把结婚对你的影响罗列出来。

一件事情对一个人的影响一定是多方面的，有好的，也有不好的，把好的影响和不好的影响分两栏列出来。

2.把不结婚对你的影响罗列出来。

同上一步一样，把好的影响和不好的影响分两栏列出来。

第四章
直面内心的恐惧，才能拥有幸福的人生

3.关注结婚的积极影响和不结婚的消极影响，并且感受自己对其的认识。

如果做一件事情带给一个人的积极影响很大，并且恰巧是他想要的，那么他就更想去做这件事。如果不去做一件事情带给一个人的消极影响很大，并且恰巧是他不想要的，那么他会更想因为避免消极影响的发生而做这件事。

4.关注结婚的消极影响和不结婚的积极影响，并且感受自己对其的认识。

和上一条类似，做一件事情的消极影响和不做这件事情的积极影响，会影响一个人做这件事情的动力。

5.对比前面两条的内容，你会发现自己对是否结婚这件事情有了新的认识。

在你对一件事情有了客观的认识之后，这件事情带给你的恐惧和担心也会随之消退。

🗝 自我康复训练

1.最近你有面临什么重大的决策吗？
_____

2.在你做决策的时候是否有所犹豫？
_____

3.是什么使你犹豫呢？
_____

4.如果把你可能做的决策带来的积极影响和消极影响罗列出来，会有什么？

_____

5.哪一种决策带来的积极影响是你最想要的？

_____

6.哪一种决策带来的消极影响是你最不想要的？

_____

7.上述步骤是否对你当下面临的决策有所助益呢？

_____

注　释

[1]衰变：放射性元素放射出粒子转变成另一种元素的过程。

[2]量子力学：量子力学是研究微观粒子的运动规律的物理学分支学科。它提供粒子"似-粒""似-波"双重性（即"波粒二象性"）及能量与物质相互作用的数学描述。它和经典力学的主要区别在于：它研究原子和次原子等"量子领域"。

[3]哥本哈根学派：哥本哈根学派是20世纪20年代以玻尔领导的哥本哈根理论物理研究所为中心形成的理论物理学派。由对量子力学的创造性研究和哲学解释而闻名。该学派坚持从实验事实出发建立理论，并以实验结果检验自己的理论，打破经典力学的框架，重视微观世界和宏观世界的联系。

[4]波函数：量子力学中用来描述粒子的德布罗意波的函数。

直视骄阳："征服"对死亡的恐惧

"直面死亡会引发焦虑，却也有可能极大地丰富你的人生。"

死亡是每个人都无法避免的事情，而面对死亡，我们都会不由自主地感到恐惧。这种对死亡的恐惧会影响我们享受生活，剥夺我们的快乐。

美国心理学家欧文·亚隆[1]在其《直视骄阳》一书中提到，由于没有什么能满足我们追求生命不死的需要，那么所有的行为从本质来说都没有价值。死亡恐惧被那些经过伪装的、改头换面的呈现出来的表象所取代，如痴迷于累积财富及盲目追求名望等，因为这可以给人们提供"不朽"的错觉。

就像亚隆说的，事实上我们所做的很多能够证明自己价值的事，或是虔诚的信仰，或是非凡的成就，从某种程度上来说都是为了消减我们对死亡的恐惧感。因为死亡从象征的角度来说，意味着一个人随着生命的消失，而和他人、世界失去连接，甚至可以说一切与他人、世界建立连接的举动，都可以看作对死亡的恐惧的表现。

当然，上述情况不总是坏事，因为我们活在世上，一定是需要连接的。适度追求连接其实更有利于一个人的成功。但是，假如一个人在这件事情上出现一些过度的和非适应性的表现，从存在主义心理学的角度来说，也许就需要在死亡议题上做一些工作。

前面说了，每个人都有对死亡的恐惧。假如我们保持着无意识的对死亡的恐惧，也可能过好这一生；但是假如我们能够厘清我们对死亡的态度，也许我们就能更加有意识地让自己更享受生活，生活得更加幸福。

我们去面对和尝试理解自己对死亡的恐惧，目的不在于消除这种恐惧，因为这是无法实现的。直面死亡最重要的意义在于，在我们真正能够面对和谈论死亡之后，我们可以接纳"人终究会死"这件事情，接纳我们也许一直存在的对死亡的恐惧，并且能够带着这些念头生活，不被它们所影响。

咨询案例

在学习团体咨询的第二年，我带了一个短程的团体。当时团体里有8名成员，算上我，一共有9个人。我们团体的计划是一周进行一次，一共进行12次。在团体的最后一次咨询中，大家谈到了关于死亡的议题。

那一次团体有一个人请假，请假的是一名女性C，剩下的7名组员有5名女性和2名男性。因为团体即将结束，所以很自然

第四章
直面内心的恐惧，才能拥有幸福的人生

地提及分离和死亡的话题。

在大家谈到团体即将结束的时候，其中一名男性成员S讲的话让我印象深刻。他说，他从来不会为分离感到难过，因为为分离难过是没有意义的。如果以后有再见的机会，那么没必要难过；如果以后没有再见的机会，那么在最后的时间他希望是开心的。他很理智地讲述了自己的观点，虽然他说得有一定的道理，但招来了团体其他成员的攻击。

一部分成员，以其中一名女性成员L为首，说S总是非常理性，这让大家无法靠近他。他们会在S这里感受到很多的挫败感，因为无论他们做什么，好像都无法走进S的内心。这是最后一次团体活动了，S还是没有给他们机会靠近自己，他们很生气。

另一部分成员，以另一名男性成员Q为首，说S的话虽然有道理，但是很不近人情。他们尝试去理解S，但是很快地转变为对S的分析，说S这样讲，其实是为了抵抗自己的分离焦虑。这看起来像是他们理解了S，但是对于S来说，他们的话比前面那些人更扎心。

S听了其他组员的话之后，显得很生气。他说他只是在表达自己的观点，但是没有人理解他。

我在组里做了一个尝试，试着重新把大家的话"翻译一遍"。我对团体说："刚刚我们的团体发生了很有意思的一幕，S在讲他对于团体结束的一些看法；我看到大家给了S一些反馈，有的人在说希望和S能够更加亲近一点，有的人在尝试理解S为什么这样想。"

S紧接着说其实他也知道其他人是在表达这些，但是他觉得没必要。没必要亲近，也没必要知道自己内心发生了什么。

　　一直以来，S在团体中都是一个特别理性的人，他崇尚简单、直接、有效。但是，在人际关系中，简单、直接、有效不总是联系在一起，有时候如果我们希望和别人的关系更好，可能是我们需要面对很多复杂的、间接的联系。

　　L说，她体会到为什么自己想要和S连接。因为S身上理性的那部分正是自己缺失的，她希望自己也能向S学习，怎样让自己不受现实情况的影响，不受自己情绪的影响。而且，这是最后一次团体活动，她不希望自己留下遗憾。

　　Q说，他之所以说S是在逃避面对分离和死亡，是因为自己以前就是那样的。在他和前妻离婚之后的很长一段时间里，他都告诉自己那样做是对的，自己不应该因为离婚而对她心生怨恨。可是，也是在那段时间里，Q觉得自己的工作和生活都变得一团糟。直到他开始允许自己为上一段婚姻的结束而哀伤，他的状态才慢慢好转。他很希望S也能勇敢地面对自己的感受。

　　在团体活动的后半段，大家针对前面的历程进行了讨论。事实上，无论是谁在面对分离的时候，都会有一些情感涌动，只是每个人处理分离的方式不一样。对于S来说，他更习惯用理智化、合理化的方式处理分离，这样能避免感受痛苦；对于L来说，她希望完成自己的期望，这样就不会觉得遗憾，也能化解一些分离的焦虑情绪；对于Q来说，他期待自己能帮助他人，这样他能感受到自己更多的价值感，这也是对抗分离和死亡焦虑的一种方式；包括请假的那名组员C，她用先离开的方式来让自己感觉好一点，如果最终会分离，那么最先离开的那个人一般是情绪反应最小的，这样也就对抗了分离焦虑。

最后，大家其实都谈论了自己应对分离焦虑的方式。因为在团体中每个人都有所呈现，所以大家才有机会看到这些，并且在这个环境中讨论这些。

团体咨询的治疗意义不在于心理咨询师在团体中做了什么，而在于一个真实的互动中，每个成员都在团体中展现真实的自己。而在一个相比社会更加安全的环境中，每个人都能在这里看见自己的模式，并且在团体真实的互动中得到一种矫正性的体验。如果能够把这种体验和新的模式带到生活中，就有可能达到团体咨询和治疗的目的。

那么，想知道死亡恐惧有没有减弱你的幸福感吗？请思考下面这三个问题。

1.察觉一下，你是否曾有一些时刻被死亡恐惧困扰。

每个人都会有对死亡的恐惧，如果你能察觉自己为此担心，但是没有什么重大的事件或者其他信息的影响，这也许会对你的幸福感产生一定的影响。

2.思考一下，你是否会过度追求存在感和价值感。

追求价值感和存在感本身没有什么问题，对一个人的成长与发展是有促进作用的。但是如果你会因为没有得到自己期待的价值感而自责甚至自罪，或者你在追求一种与现实情况不是很匹配的价值感，这也许会对你的生活造成一些不利的影响。

3.回想一下，你是否会过度投入某件事情中，而忽略了身边的人。

人是活在关系中的，如果一个人忽略或者切断自己所有的关系，这也许会在人际层面对这个人造成一些缺失。当然，这不是绝对的。只有当你因为这样的情况而困扰，这件事情才会对你造成影响。

自我康复训练

1.最近你有经历丧失事件吗？（亲人、朋友过世，离婚，失恋……）

_____

2.对于这个丧失事件，你有什么感受？

_____

3.这对你的生活造成了什么影响？

_____

4.给自己一个舒适的环境放松一下。这会让你的感受发生什么改变吗？

_____

5.假设你一直待在这种舒适的环境中，你会有什么感受？

_____

6.如果你感觉自己放松了一点，你愿意重新体会一下自己的感受吗?

_____

7.你愿意把自己的感受分享给谁?

_____

8.当你把自己的感受讲出来后,会让你有什么变化吗?

_____

9.找一个你能信任的人,把你的感受讲给他;如果没有,可以写在下面,讲给自己听。

_____

注 释

[1]欧文·亚隆:1931年生于华盛顿,美国团体心理治疗权威、当代精神医学大师,与维克多·弗兰克、罗洛·梅并称存在主义治疗法三大代表人物。目前担任史丹福大学精神病学终身荣誉教授。

【自我评估】恐惧情绪测试

这是一份结合相关资料整理而成的恐惧测试,请根据自身情况完成以下测试,选择最适合自己的选项。

1.当你还是孩童时,是否会对父母感到恐惧?

　A.是的

　B.偶尔

　C.从不

2.面对问题,你经常感到无能为力吗?

　A.遇到难题时才会产生无力感

　B.只要遇到麻烦就会感觉无能为力

　C.很少感到无力感

3.你会担心业绩太差而被裁员吗?

　A.从未担心

　B.偶尔担心

　C.经常害怕失去工作

4.对于别人的看法,你很在意吗?

　A.偶尔会

B.非常在意

C.毫不在意

5.面对权威时,你有怎样的感受?

A.胆怯,不敢面对

B.毫不畏惧

C.尽可能避免和这类人打交道

6.你对宠物的感受是什么?

A.感到恐惧,不敢接触

B.不害怕,但是会令我不安

C.喜欢小动物

7.你会担心亲密的人吗?

A.一直都有类似的担心

B.偶尔会担心

C.从来没有

8.你怎样看待自己的健康状况?

A.不自信,总是担心身患重疾

B.偶尔发现一些小毛病,会对此感到担忧

C.从不担心自己的健康状况

9.你做决定时的态度是什么?

A.从不担心出错

B.有时会感到不安,担心出错

C.讨厌做决定,任何决定对于我来说都是一种煎熬

10.你是一个有责任感的人吗?

掌控你的心理与情绪
高情商者如何自我控制

A. 我讨厌承担责任

B. 如果是我的责任，我会承担

C. 我习惯主动承担责任

评分标准

<table>
<tr><td colspan="11" align="center">计分表</td></tr>
<tr><td>题目
选项</td><td>1</td><td>2</td><td>3</td><td>4</td><td>5</td><td>6</td><td>7</td><td>8</td><td>9</td><td>10</td></tr>
<tr><td>A</td><td>1</td><td>2</td><td>3</td><td>2</td><td>1</td><td>1</td><td>1</td><td>1</td><td>3</td><td>1</td></tr>
<tr><td>B</td><td>2</td><td>1</td><td>2</td><td>1</td><td>3</td><td>2</td><td>2</td><td>2</td><td>2</td><td>2</td></tr>
<tr><td>C</td><td>3</td><td>3</td><td>1</td><td>3</td><td>2</td><td>3</td><td>3</td><td>3</td><td>1</td><td>3</td></tr>
</table>

将各条目选项对应的分数相加即可得出总分。

总分＜15分，表明你可能正在经受比较严重的恐惧情绪的影响。如果你已经觉察到，并给生活与工作造成影响，建议你寻求专业人士的帮助。

15分≤总分＜25分，表明你可能偶尔会被恐惧情绪困扰。你的恐惧情绪没有那么严重，不过不能掉以轻心，要适当放松，调整心理状态，预防恐惧症。

总分≥25分，你的内心十分强大，属于无所畏惧的极少数人。你的生活态度十分积极，请继续保持。

（测试结果仅供参考，不代表临床诊断）

【心理调节】直面恐惧的那些心理学疗法

恐惧是人们在日常生活中常见的一种情绪反应,也是相对而言靠个体很难摆脱和控制的一种情绪。

如果你有意愿通过心理咨询和治疗来达到解决恐惧情绪问题的目的,可以了解一下,不同的心理流派是如何治疗的。

1.认知行为治疗(CBT)

认知行为治疗是一种结构化、短程和认知取向的心理治疗方法。在认知行为治疗中,心理咨询师通过与来访者讨论其不合理的认知,改变其认知,促使其对待事物和人的观点与想法发生改变,以此来达到改善心理问题的目的。

2.精神分析治疗

精神分析治疗从广义的角度来说,包含经典精神分析治疗和由经典精神分析发展而来的新精神分析,或者我们很多时候称之为心理动力学治疗。

心理动力学治疗是一种仔细地关注心理咨询师与来访者互动,认真地选择时机诠释移情和阻抗的治疗,其基础是深入地理解心理咨询师对咨访双方的场的影响。这种治疗关注潜意识,并且在意过去经验对个体当下行为的影响。

心理动力学治疗中最重要的是治疗同盟，心理咨询师通过来访者在咨询中呈现的移情反应，利用自己的反移情，了解和理解来访者的力比多、攻击性、自恋和客体关系等，并对此进行诠释。这些潜意识内容逐渐被来访者意识到后，就可以使其达到修通的目标。

动力学治疗的治疗情境包括稳定的时间、地点、频率和收费这些外在规则，还包括心理咨询师匿名、中立和节制的态度等。在这样的情境下，来访者的移情得以发生，从而可以开始治疗。

3.人本主义治疗

人本主义心理治疗将人看作一个统一的整体，从人的整体人格去解释其行为，把自我实现看作一种先天的倾向，认为应该从来访者的主观现实角度而不是心理咨询师的客观角度分析来进行咨询和治疗。

人本主义治疗的核心是"以来访者为中心"，心理咨询师在整个过程中都不太进行干预，而是相信来访者自身有潜能，能够自己解决问题。

4.催眠治疗

催眠治疗，是指用催眠的方式使来访者的意识范围变得极度狭窄，借助暗示性语言，以消除病理心理和躯体障碍的一种心理治疗方法。

通过催眠，来访者将进入一种特殊的意识状态，心理咨询师的言语或动作会整合到来访者的思维和情感中，从而产生治疗效果。催眠可以很好地推动人潜在的能力。

催眠治疗的本质是"反催眠"。我们在生活中会被各种信息暗示，在催眠治疗中，心理咨询师的工作是用新的暗示来覆盖引发来访者非适应性反应的旧的暗示。

5. 表达性艺术治疗

表达性艺术治疗在一种支持性的环境中运用各种艺术形式，比如沙游、绘画、音乐、舞动、身体雕塑、角色扮演、即兴创作等，促进心理成长和治愈的治疗方法。它是一种通过源于情绪深处的艺术形式来发现自我的过程。

表达性艺术治疗的核心在于表达。在此过程中，我们不需要创作出美丽的图画，也不是为了表演而舞蹈，更不用精益求精地创作或改编一首诗歌。我们只是遵从自己的内心，通过创造一种外在的形式去表达自己内心的感受。在这个过程中，我们释放、表达并且放松。

在表达的同时，我们的认知也随之得到发展，进而使表达性艺术成为一个治愈的过程。当然，对于咨访关系来说，艺术也是连接双方的一个新的纽带，会成为咨访双方的一种语言。这些艺术形式是发现、体验和接受自体未知部分的有效媒介。

相比于言语化的治疗方式，表达性艺术治疗将来访者带入一个新的世界，并为其添加一个新的维度。事实上，心理治疗本身就是一种艺术，表达性艺术治疗将心理治疗的艺术部分很好地外化了。

6. 后现代心理治疗

后现代心理治疗与之前几种治疗方法最大的不同在于，后现代心理治疗更加关注未来。

不管是焦点解决短程治疗还是叙事疗法，或者积极心理学的治疗方式，其实都在关注问题中积极的、例外的那部分。后现代的心理咨询师不会把来访者讲的困惑当作一个问题，而是在治疗中将其解构，并以不一样的、积极的视角重新建构一个新的事件。

在后现代的心理治疗中，心理咨询师不会过多地探讨一个人消极的部分，而会放大一个人身上优秀的部分。这对于来访者来说是一种更能增强自我的治疗方式。

第五章

那些曾让你无助的时刻，现在有变化了吗

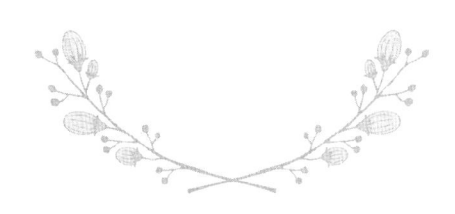

再来一次，你还会选择现在的人生吗

"如果今天你沉浸在对昨天的'我本应该'中，那么明天你就会继续沉浸在对今天的'我本应该'中。"

我问过很多人这样一个问题，如果让你重新选择一次，你还会做出和现在的人生一样的选择吗？奇怪的是，尽管有很多人对现在的生活不满意，但是经过讨论后，几乎所有人都说还会做出和当初一样的选择。因为只有这样他才是现在的自己。

这涉及一个哲学问题，如果你的人生轨迹在曾经发生偏差，那么那个不一样的"你"是否还可以称作"你"。但是我想，这个问题似乎折射出一个结果：人都会或多或少地对自己曾经所做的决定后悔，但是尽管如此，重新选择一次，有极大可能他依然会这样做。

这个结论看似不合理，甚至有点荒谬，但事实确实如此。在人做一个决定的时候，其实不完全受其意识控制。

举个例子，如果一个人在和伴侣争吵的时候，惯常的模式是回避的，那么他就更倾向于在这件事情上做出回避的姿态和举动。假如一个人告诉我们，他对自己不去和伴侣沟通而感到内疚、后悔，我们可以相信他，因为在他的意识中就是这样想的。但是如果让他重新回到那个时候，他的举动可能依然是回避的。因为除了意识上的想法，一个人的行为可能更多地受到潜意识的支配。比如，在他的潜意识中，冲突是有害的，那么他就可能极力避免冲突，选择回避的方式。即使他"知道"那个时候去和伴侣进行良好的沟通，对关系是更有利的，但是他会被潜意识影响做出和以往类似的举动。因此在心理咨询中，心理咨询师告诉来访者怎样做，不会起到什么效果，因为在意识上"知道"一件事情没有用，只有潜意识也知道这件事情是好的，人的行为才会发生改变。

所以，在这样的基础上，后悔的情绪对于事情的改观就没有什么意义了。但是，后悔的情绪可能让防御个体明白"这是自己的错，而且以后也很难改了"所产生的更严重的痛苦。

如果你希望改变自己的模式，就去探索自己。如果真的有所觉察，那么经历一段漫长的自我探索之旅，你是能有所变化的；如果你觉得自己的模式不够好，但是没有带给你太多的痛苦，也许你可以告诉自己，每个选择都是当下最好的，因为在你以往的生命里，你所做的每一个选择相加，才造就了现在的你。

咨询案例

小丁，34岁，女性，某创业公司老板。

第五章

那些曾让你无助的时刻，现在有变化了吗

从小丁第一次联系我想要预约咨询，到她第一次走进咨询室，其间经过大约三个月的时间。因为她第一次和我沟通的时候，就大致讲了自己的情况，所以我以为作为一个创业者，她可能面临的压力太大，希望通过咨询对自己做一些调整。事实上，那时候我觉得挺轻松的，因为通常来说，压力导致的问题都不会很严重。但是，小丁来到咨询室之后，我才发现她之前和我讲的那些并不是最困扰她的事情，要不然她也不会拖了这么久才来。

大约三个月前，小丁和老公提出了想要离婚的想法，但是对方不同意。老公想要挽回小丁，他问小丁原因，小丁回答他的只有两个字——失望。

小丁以前虽然对老公失望，但是她觉得这也不怪他。像很多男性一样，小丁的老公工作很忙，每天回家之后就躺在床上玩手机，不管孩子，也不和小丁沟通。以前小丁在公司上班的时候还好，因为她还能分出一些精力照顾家庭；但是现在，小丁正在开自己的公司，作为一个创业者，她真的很忙，她希望老公能帮衬自己一点，回家之后能管管孩子，收拾一下家里。但是老公连这些都做不到。

小丁对老公的不满情绪慢慢累积，直到最近才爆发。而之所以最近才爆发，还有一件事情对此有所影响。在一次出差的路上，小丁在火车上遇到了一个人，是她的同行。在火车上，他们聊了很久，小丁说结婚后，她就再也没有和任何一个男人聊过这么久了。小丁觉得自己被他吸引。在那次出差回来后，小丁提出了和老公离婚。

后来，小丁和我说，她确实被另一个男性吸引，但那不是她想要离婚的原因。之所以和老公提出离婚，是因为在火车上的那几个小时，她突然意识到，她现在的生活完全不是她想要的。她和老公结婚10年，她后悔了，想现在对自己做一些补偿，而不是听别人说的为了孩子、为了稳定而选择继续凑合过日子。"如果现在不离婚，那么我10年后一定会后悔，我一定会恨自己。"她这样和我说。

虽然做了这个决定，但其实她对老公有些内疚，因为在刚开始在一起的时候，他对她很好。但是随着时间的流逝，那些爱意慢慢地被消磨了。事实上，站在他们任何一个人的角度来看，他们都没错。大概只是每个人到了不同的阶段，想要的东西发生了变化。如果发现不合适，努力后还没有结果，也就不必再勉强了。

后面一段时间的咨询，我们都在聊如果真的离婚，之后可能会发生什么，她要如何处理。在她真的准备好，大概三个月之后，他们在离婚协议书上签了字。

后来，小丁在几个月后遇到了当初在火车上见到的那个人。在一次行业交流峰会上，他们相谈甚欢，并成为合作伙伴。小丁和我说，其实和那个男人不是爱情，他们也没有发展出工作之外的关系，但是她很感谢他能在自己最迷茫的时候，让她意识到，她真正想要的生活是什么样子。

怎样摆脱后悔的情绪?

1.找出让你感到后悔的事情。

2.告诉自己,不管一个人做什么决定,都不会完美。

很多时候,一个人感到后悔,是完美主义在作祟。但是不管我们做怎样的决定,都不是完美的。能够接纳自己的不完美,才能不被后悔困扰。

3.回看当初自己所做的决定,列出每一个决定可能的缺憾和积极方面。

4.重新客观地看待你当初所做的决定。

自我康复训练

1.在你所有的人生经历中,有没有你做的某个决定,是你最想要改变的?

_____

2.当初你正处于什么情境?

_____

3.那时你所做的选择是最简单或者最直接的吗?

_____

4.你想象的完美的解决方式是什么样的?

_____

5.如果从0分到10分排序,0分是完全没有困难,10分是非

掌控你的心理与情绪
高情商者如何自我控制

常困难，那么你当初做的决定难度是几分？

_____

6.你想象的完美的解决方式难度是几分？

_____

7.如果重来一次，你会如何选择？

_____

8.回到现在，你能做什么事情让当下的生活更靠近你理想的样子？

_____

反态心理：明明很喜欢，却不敢靠近

"要完全与另一人发生关联，人必须先和自己发生关联。"

上面这句话出自欧文·亚隆的《当尼采哭泣》一书。不管是在什么样的关系中，一个人想要真正地与他人发生连接，那么这个人一定是有能力进行自我觉察的。只有一个人了解自己，他才有能力去了解别人。如果我们把这个逻辑放在亲密关系中，我们可以说，一个人只有先爱自己，才有能力爱别人。

我们来看两个场景：

你很喜欢一个人，但是每当有机会和他靠近的时候，你都会不由自主地逃离，以致直到你们天各一方，还没有机会认识或者熟识。

明明你很想接近一个人，但是在她出现的时候，你会表现得非常冷漠，即使她主动靠近你，你也会用一种冷漠的方式拒之于千里之外。

这两个场景是不是在生活中很常见？为什么我们有时候会对自己仰慕的人避之不及或者拒之门外？从心理学的角度来看，我们可以解读为源于自卑感，因为担心自己不够好而遭到拒绝，因为不能承受被拒绝的结果，而掩藏自己的心思。更深刻一点说，也许这是一种反向形成的防御机制，我们把潜意识中无法接受的那些欲望和冲动转化为意识上相反的行为，比如如果一个女性觉得性是羞耻的，她就会把对男性的性欲隐藏起来，表现出性冷淡的样子。

但是除了上面两种解释，我想我们可以用一种更贴合人性和心理发展的角度来看待这件事情。无论是怎样的心理，在我们不敢承认或者没有能力去爱另一个人的时候，事实上是我们无法面对自己真实的样子。

真正的爱是无条件的。不是一个孩子，你给他多少玩具他都会喜欢你的那种无条件，而是作为他的爸爸或妈妈，他就已经喜欢你的那种无条件。这种无条件的爱，只有在我们自己明确了"我是谁"和"我喜欢什么"之后，才能真的发自内心地做到。

在一个人了解自己的特点之后，他就知道在一段关系中，他的所作所为代表着什么。举个例子，一个人在一段关系中需要的是安全感，如果他能在对方身上体会到这种感觉，或者他知道双方可以做一些怎样的努力让他觉得安全，那么这段关系就有了更有效果的沟通渠道。在一段关系中，沟通是最重要的。只要双方明确自己要什么，并且有意愿进行沟通，那么一段关系就会越来越趋于稳定，也会越来越和谐。

咨询案例

真真，女性，24岁，幼儿园教师。

真真是由另一个同行转介给我的一名来访者。真真的男朋友在我的那个同行那里接受咨询，后来真真看到男朋友的变化让他们的关系有了一些改变，于是她自己也想接受咨询，为他们的关系做一些努力。本来她想找男朋友的心理咨询师进行咨询，但是因为双重关系，她把真真介绍给了我。

第一次看到真真，我发现她看起来要比实际年龄年轻，像是十七八岁中学生的样子。或许是因为每天和小朋友在一起，她的声音显得比较稚嫩。

真真和我说，她最近面临的一个困扰是要不要答应男朋友的求婚。真真和男朋友是相亲认识的，他比真真大两岁，今年将要研究生毕业，双方家长希望他们等男方毕业了就结婚。男朋友也向真真求婚了，真真当时答应了他，但后来想起这件事情又有点犹豫。她有一些担心。

真真说自己还年轻，不想这么早结婚，而且现在自己对婚姻没有什么概念，想再等一等。但是一想到男朋友对自己很好，而且他的学历比自己高，没有嫌弃自己，又觉得如果拒绝他，自己会很内疚。于是她一直没有把自己的真实想法告诉男朋友。眼看着时间推移，她越来越焦虑，甚至她的这种焦虑影响了和男朋友的关系。男朋友不止一次问她，是不是不想嫁给他，但是真真都没有讲出自己的真实想法，而是告诉男朋友他想多了。

我问真真为什么不告诉男朋友自己的真实想法。她说如果自己这样讲他会嫌自己矫情，也担心他误会自己的意思，担心他觉得自己不爱他。她很珍惜这段感情，不希望影响他们关系的事情发生。但是，这让她很累。

其实在真真和男朋友的关系中，他们最大的问题在于，在真真的心里，他们不是平等的。真真觉得自己对男朋友没有什么价值，她觉得男朋友比自己优秀得多，因此她很自卑。事实上，男朋友不一定这么觉得，但是真真的心理现实决定了她如何想象他们的关系。而处于一段她以为的不平等的关系中，她自然会有各种顾虑，究其根源，在于真真对自己没有稳定的、真实的认识。

虽然真真从小到大都不是一个社会意义上的所谓的"成功人士"，但她一直都在做自己喜欢的事情，所以即使她看起来普通，但是对于她自己来说，她已经足够优秀了。一个人，不管他过的是什么生活，只要她在做自己喜欢的事情，并且觉得自己是幸福的，怎么能说她的人生是失败的呢？

在后续的咨询中，我们运用叙事疗法，一起慢慢发现了男朋友爱她的蛛丝马迹。而真真也开始相信，即使她提出和男朋友意见相左的想法，也不会导致他们的关系破裂。

后来，真真还是在婚期将近时，告诉了男朋友自己的想法。而男朋友也尊重她的想法与感受，同意过一段时间再谈结婚的事情。他们真的好好地沟通了，而且沟通的结果非但不是真真之前想象的糟糕的样子，而是她从未想象过的美好。

在那之后，真真又和我进行了几次咨询，然后我们就结束了工作。在半年之后,我收到一张真真发来的她的婚礼照片,照片中的她笑得非常甜美、幸福。

在和真真的咨询中,我们没有针对她的自卑感进一步讨论,而是在后现代心理咨询与治疗的框架下,发现事实上她所担心的情况并非现实。真真的现实检验能力完好,所以能在这个过程中,通过现实照见内心,进而影响她的认知。

怎样判断你是否和一个人适合发展长期的亲密关系?

1.思考一个问题:在你的心里,什么叫爱?

爱是一种情感,也是一种态度,更是一种能力。一种情感,如果它能被称为爱,那么它一定满足以下几个条件:

你会发自内心地喜悦;你做的一切都是心甘情愿的;你不求回报;你不会控制对方,也不会被对方控制;你们有稳定的界限。

2.回想一下,在你们的经历中,你记得的重要的事件。

在你们的相处中,有什么是让你印象深刻的?这些让你印象深刻的事情给你的感觉是什么?如果你能想到一些事情,而且在这些事情中,你的整体感觉是舒适的,那么你们也许是适合的。

3.思考一下,你能接受你们身上不同的观念吗?

击溃一段感情的也许不是重大的冲突,而是日积月累的微小的不和谐。如果你能接受你们是不同的，并在你们的不同中找到一种沟通的方式，达成共识，就会让你们的关系更加长久、和谐。

4.想象一下，当你们发生重大的冲突时你的态度。

冲突是一段关系的危急时刻，但也是一段关系更加深入的契机。如果你们能有一种双方都能接受的方式去解决这个冲突，就能让你们更加亲近。

5.保证你们性生活的和谐。

性是爱情中不可或缺的一部分，良好的性爱体验，能让两个人更加亲近。如果你被对方吸引，并且你们的性爱是和谐、美好的，这是使你们的关系保鲜的很重要的一点。

6.问问自己，你是否愿意和对方共度余生。

承诺也是亲密关系中不可或缺的一环，如果你能想象出你们将来共同生活的样子，并且在现实层面有这个打算，那么这个人也许真的是你想要的。

自我康复训练

1.最近在亲密关系中，你有没有遇到让自己感到挫折的事情？
_____

2.在事情发生的时候，你是如何处理的？
_____

3.对于这件事情，你的感受如何？

第五章
那些曾让你无助的时刻，现在有变化了吗

4.你是否把你的真实感受告诉对方？

5.如果你把自己的真实感受告诉了对方，对方的反应可能是什么？

6.如果你没有告诉对方，那么你的顾虑是什么？

7.如果让你们重新进行沟通，你会对对方说些什么？

话不说出口，没人能了解你的委屈

"一个人最不切实际的幻想，就是自己不说，别人也能够完全明白自己心中所想。"

"我期待他能明白我的意思，如果什么都要我讲得很清楚，还要这个男人干什么？"这是我所接触来做情感咨询的女性说得最多的一句话。

如果我们可以理性地看待这个问题，就会发现，一个人不讲自己心里的想法，别人无法便猜透他在想什么。但是，如果我们换一个角度，站在这个希望能被人了解心中所想的人的立场上，实际上，他所求的只有一件很简单的事情——关注。

在一个婴儿诞生的时候，他不知道自己和他人、世界的区别，在婴儿的眼里，整个世界都是他自己的，自己的一举一动都会影响整个世界。比如婴儿哭了，养育者就会来确认他是不是饿了，是不是冷了，是不是困了，等等。如果一个婴儿在早期被养育者积极地关注，那么他就能正常地发展，当他了解自己不是世界的中心的时候，也能有力量接受这个"挫折"。但是如果他被关注的欲望从未被满足，那么"他不是世界中心"的这个挫折就来得太早了，早到他无法接受这个挫折。那么在他长大之后，他依然会不断地用各种方法寻求自己是世界的中心的证据。用精神分析的术语来说，这叫自恋。

前面的那个信念——"即使我不说别人也要知道我心中所想"——就是自恋的表现。他难道不知道别人无法在他没有讲的时候了解他的想法吗？未必。他只是不能接受不被关注、不被重视的挫折。

所以对于有这样信念的人，我们如果说，你得告诉我你是怎样想的，我才能明白你，是完全没有用的。他都知道，只是做不到。他最需要的其实是我们真的表现出积极关注的态度，直到他有力量去接受自己不是世界中心的这个挫折。

在心理咨询中，这种态度叫作心理咨询师的无条件积极关注。在生活中，或许我们可以更直接地将其命名为"爱"。

或许一个人对我们有这样的表现的时候，我们可以说："我知道你希望我能主动理解你，我愿意这样做。但是我没那么厉害，所以可能需要一点时间。就像是一个婴儿哭了，对于新手妈妈来说，她可能会犯很多错。也许她给婴儿喂奶，婴儿还是哭；也许她给婴儿多盖一条毯子，婴儿还是不舒服。直到她最终找到婴儿真正的需要，婴儿才停下来。一个妈妈如果真的爱自己的孩子，她会愿意不断地尝试。对你，我也是这样。"

掌控你的心理与情绪
高情商者如何自我控制

咨询案例

鬼鬼，女性，32岁，结婚9年。

鬼鬼本来想给自己的女儿预约咨询，但是在和助理电话聊过10分钟之后，她选择自己来到咨询室。

第一次见到鬼鬼，我观察到她是一个很精致的女性。她穿着一身淡粉色的套装，化着精致的妆容，坐在沙发上的姿态看起来很优雅。她到咨询室似乎不是来咨询的，而是来这里展现自己最好的样子。

和大多数来访者不太一样，在我介绍完咨询的设置之后，鬼鬼看起来好像很平和。她和我讲了一些工作上的困扰，还有在教育上和老公的分歧，但是每当她说完一个问题，会紧接着自己给出一个答案。通常表现得像她这样有自我觉察力的来访者是心理咨询师喜欢的，但是我总感觉哪里不太对劲。

第一次咨询像是在鬼鬼的自言自语中度过的。虽然她在咨询中讲了很多话，但是我好像对她没有一点了解。或者换句话说，这场咨询下来，我对她似乎没有什么印象。这并不合理。明明她来预约咨询的时候，说希望能了解一下自己的沟通方式，怎样才能和孩子更好地沟通，因为她在孩子的教育上遇到了一些问题。但是直到咨询结束，她也没有谈到这些。

第二周鬼鬼来到咨询室的时候，我和她说了我的观察。于是第二次咨询鬼鬼开始讲自己和孩子沟通时遇到的问题。她是如何看待孩子的教育的，她是怎样和孩子交流的，孩子又是如何不理

第五章
那些曾让你无助的时刻，现在有变化了吗

解自己作为一个妈妈的良苦用心的。不知道为什么，在听鬼鬼讲的时候，我感觉她不像是在说自己和孩子的事情，而像是别人家的事。仿佛只是因为我问了，所以她才开始讲。她的行为似乎是为了配合我。

第三周她没有再来。我感觉有点莫名其妙，并不是意外她会暂停咨询，而是不明白她选择来到咨询室，但又像是在抗拒暴露真实的自己。也许是还没到时候吧，我勉强给自己一个答案。

大约两个月后，鬼鬼再次预约了咨询。这一次，鬼鬼的表现和之前很不一样。她说的事情似乎和之前没什么差别，但是我终于能在她的话里听到她的情感。

在那次咨询中，她说了一件很常见但是对于她来说很不容易的事情。她说，前两次在咨询室中她感觉不被我理解，但是又没有办法告诉我，她觉得那是冒犯。事实上，这种不被理解的感觉是她决定离开的原因。就像和老公的相处一样，她总是感到不被理解。于是每当自己的愿望没有被老公察觉的时候，她就会选择和他冷战。这也会影响到孩子的状态。

我问她为什么选择回到咨询室告诉我这些事情，她说也许一个心理咨询师能够承受住自己的攻击，而且自己交钱了。

"确实，在你告诉我之前，我并不知道你是怎样想的。之前我似乎感觉有哪里不太对劲，好像来到咨询室之后，你都是在自己解决问题。我想，也许你也希望听到我对你有一些回应，但是又不知道怎样开口告诉我你的需要。你感觉到不被理解，我很抱歉。谢谢你愿意回来，告诉我这些，告诉我你的感受和想法。"鬼鬼听了我的话之后，沉默了很久。她一边沉默，一边流着眼泪。

在那以后，我们的咨询进展得很顺利，鬼鬼也慢慢地更能在咨询中表达自己的感受。我记得有一次她来到咨询室的时候，高兴地和我说，她和老公说了自己的想法，她感到不被理解，感到委屈。出乎她的意料，老公没有忽略或者指责她，而是耐心地听她说。她觉得这太不可思议了，原来把自己的想法讲出来，她是有可能得到满足的。那一次，鬼鬼高兴得像个孩子。

其实在和鬼鬼的咨询中，我没有做什么干预，只是用一种积极关注的态度和她交流。也许在她的生命历程中，她从未体验过自己的需求被接纳，这可能是她不敢表达自己的原因。一旦她有了被理解和被接纳的经验，之后她再次表达自己的愿望，就不会那么困难了。

如何向别人表达自己的需求？

1.仔细体会自己当下的感觉，并为之命名。

人是有情感的动物，即使一个人再怎么客观，再怎么理智，在遇到事情的时候，都会有自己的感受。有时候，我们无法表达自己的感受，是因为我们无法面对它。告诉自己任何感受都没有好坏之分，那只是你当下的感觉。

2.找到让你表达起来觉得更加安全的人。

无法表达自己的感受，有时候可能是我们没有办法在他人身上体会到安全感。如果表达了自己,反而被拒绝,那么抱着这种有可能受挫的预期,我们的感受就无法表达出来。

这个时候,如果你有一个更加信任的人,你的表达就会更加顺畅。

3.在表达的时候,多使用第一人称,而不是第二人称。

多用"我"感到我有点生气、开心、悲伤等,而不是"你"带给我什么感觉。我们在说别人带给我们的感觉时,听起来往往会有一些指责的意味,这会让人更加难以接受。

4.用描述的方式表达自己,而不是评价。

5.在有第一次和人表达被接纳的经验后,你表达起来会更加省力。

自我康复训练

1.有没有什么人让你觉得很不舒服,但是你从来没有和他说过?

_____

2.你是出于怎样的考虑不去表达呢?

_____

3.你觉得如果你表达了,对方最坏的反应可能是什么?

_____

4.这种反应你能接受吗?

_____

5.相比于不去表达,你觉得哪一种会让你感觉好一点?

6.如果让你选择一个时机把自己的感受说出来,你会有怎样的想象?

斯德哥尔摩效应：持续被虐待，却越来越离不开

"当人深陷沼泽而无法拔足离开的时候，也许他会慢慢爱上这片沼泽。"

20世纪70年代，瑞典首都斯德哥尔摩发生了一起银行抢劫案。但是在警方解救人质、抓捕歹徒的时候，人质却掩护歹徒逃亡，甚至献身为歹徒挡枪。这听起来很不可思议，但这不是电影桥段，而是在现实世界真实发生的事情。

后来心理学家发现，每个人对恐惧和无助的耐受性都有一个极限，在达到这个极限之后，机体为了保护自己，会对记忆进行修改。比如，在持续的虐待中，受虐的一方会认为被虐待是理所当然的，而一旦当施虐方稍稍减轻虐待的程度，被虐方就会觉得施虐方是一个"好人"。这种感激甚至可能慢慢转化为崇拜和爱慕。这是机体的心理保护机制对自身保护的结果。

这个心理学效应被称为"斯德哥尔摩效应"，说的就是受虐方对施虐方产生情感，甚至为其献身的一种情结。

也许你觉得这种情结离你很远，但是在很多关系中，其实都

存在这种情结，只是它们被包装成了不同的样子。

比如，一个孩子从未被父母善待，为了保护自己，他会把不被善待"修饰"为正常的，而一旦父母对他好一点，他就觉得父母是非常爱自己的，因为这才是"合理的"。

比如，一对夫妻，其中一方被另一方施以暴力行为，如打、骂等；或者施以冷暴力，如持续的冷漠、从不沟通等。在这样的关系中，也许被虐待的那一方反而会觉得被不好地对待是正常的，而一旦施虐一方稍微关心一下他们，就会使他们非常感动。

再如，一名持续遭受不公平对待和压榨的员工，会盲目崇拜利用其价值的领导……

这样的例子有很多。究其根源，一个人无法离开一段不健康的关系，实际上是因为他处在这种危险的关系中太久了，久到他已经忘记正常的关系应该是什么样的。

咨询案例

冰冰，女性，37岁，服装设计师。

冰冰在35岁之前，在一家公司担任中层管理，后来因为工作实在太累，加上那段时间自己的状态不好，所以选择了辞职。在家里待了一年之后，她觉得整个人都变得没有精神，于是她开了一家工作室，做一些服装设计方面的工作。

冰冰是在她刚开始开工作室的时候找到我进行咨询的。那个时候她有很多担心，担心自己不适合做服装设计，自己要是做得

第五章
那些曾让你无助的时刻，现在有变化了吗

不好怎么办。我第一次见她也觉得她挺焦虑的，她的语速很快，我很难在咨询中插话。但是这种状态在咨询开始两个月之后突然有了一个极大的转变。

在我们进行约第10次咨询的时候，她突然在咨询中变得沉默，不再谈关于工作的事情。我觉得很奇怪，于是问她为什么突然变得不一样。她犹豫了很久，然后问我，如果她和我说一件事情，我会不会瞧不起她。我鼓励她试试看，于是她和我说了她变得不一样的原因。

冰冰最近遇到一个男生，他们在一起很合拍。她告诉我说，自己从来没有恋爱的感觉，以前和老公也是因为家里介绍，稀里糊涂地就结婚了。但是她和这个男生在一起的时候，会感到从未有过的心动的感觉。

我记得以前冰冰谈到过她已经结婚了，但是我从未听她谈及她的婚姻生活。后来我才知道，原来她的老公常年加班，他们很少交流。早在5年前，他们就已经分房睡，尽管她说这是为了两个人都能更好地休息，因为双方作息时间不同，但是这件事情似乎也反映出他们双方对婚姻的态度：看起来还在就好了。

在那之后，她和我讲了一些和老公的相处。尽管她讲了许多事情是关于老公如何支持她的事业的，但我还是觉得哪里不太对劲。后来我突然意识到，她和老公的婚姻似乎不像是一场婚姻，而更像是一种"工作上的合伙人"的关系。他们没有交流，没有性生活，只会在孩子的问题上有一些简短的谈话，但是常常以争吵结束。我想不通她为什么觉得这样的婚姻是"好"的。我把我的反馈告诉她，她说她觉得从来没有人对她有一点关心，所以在她看来，老公只要对她关心一点点，她就心满意足了。

也许在她的意识中，确实是这样想的。或者，如果没有她之前和我说的另一个男性的事，我可能会相信她的话。"尽管你说你对老公没有什么不满，但你还是在他之外选择了另一个人。"我这样对她说。

冰冰对我的问话很生气，她突然变得歇斯底里。她叫嚷着对我说，她只是觉得和那个男生在一起很舒服，她从未想过破坏自己的婚姻。我不知道这句话是为了保护她的婚姻，还是保护和另一个男生的关系，抑或是保护她自己。

在那次爆发之后，她很久都没有和我讲关于感情的事情。直到有一次她说，那个男生希望她离婚嫁给他，她感到非常焦虑，想要逃跑。我对她说，似乎你想要逃离让自己太舒服的状态，她崩溃地哭泣起来。作为家里的大姐，她从弟弟降生开始，就在为别人而活。不管是拼命地赚钱寄给妈妈，还是现在努力地工作，不让自己因为挣钱太少而在老公面前抬不起头，她都没有活出自己。她仅仅有这一段关系，在和这个男生的关系里，她觉得自己真的是自己。

冰冰很纠结，纠结了很久很久。或许用纠结这个词有点不太恰当，因为她的状态要比纠结痛苦得多。一方面是30多年来形成的观念，对家庭要忠诚；另一方面是她真的能够感觉到自己的存在。她不知道自己的答案是什么。也许她知道答案是什么，要么继续以前的循环，要么活出自己，但是显然她还没有做好准备。

第五章
那些曾让你无助的时刻，现在有变化了吗

过了大约半年，冰冰做出离婚的决定，和另一个男生在一起了。事情没有朝着好的方向发展，婚后的生活依然让冰冰很痛苦，因为她发现那个男生，也慢慢变成了前夫的样子。

直到冰冰自己开始发生改变，她终于有能力主动和现在的老公沟通，提出自己的需求。要知道，提出自己真实的需求，对于她来说是非常困难的一件事情。但她还是做到了。这里有她的努力，也许还有另一半愿意理解她的功劳。在冰冰开始表露自己的心迹，而对方也愿意和她沟通之后，他们的婚姻逐渐有了好转。

其实在一段关系中最重要的是沟通。没有两个人不需要任何磨合就能完全明白对方的心思，不管和谁在一起，双方愿意花时间和精力去理解对方，才是让关系长久保鲜的不二法门。

在咨询中，心理咨询师不会鼓励来访者做任何决定。面对人生的抉择，每个人都只能靠自己。不过和在其他地方不一样的是，心理咨询师不会评判来访者的做法，而是支持他的每一个决定。

在什么时候，我们要结束一段关系？

1.列出你在这段关系中的收获与失去。

_____

2.如果结束这段关系，你可能会收获什么、失去什么，请一一列出。

3.将维持关系的收获和结束关系的失去加在一起,与维持关系的失去和结束关系的收获进行对比,看看哪一个是你更想要的。

🗝 自我康复训练

1.你觉得你拥有一段健康的亲密关系吗?

2.你对自己的另一半是如何评价的?

3.你有没有听过其他人对你的另一半是如何评价的?他们是怎样说的?

4.你觉得在这段关系中,你是更自信了,还是更自卑了?

5.你会在你们的关系中感到疲倦吗?

6.你愿意和对方沟通吗?

7.对方愿意和你沟通吗?

8.你们按照怎样的频率交流和沟通？

_____

9.你能想象你们的关系变得更好或者更糟糕的样子吗？

_____

我和来访者说，请你帮帮我

"学会示弱，是变得强大的第一步。"

有没有这样一个时刻，你明明知道自己遇到的困难，只要向别人求助，就能很顺利地解决，但你就是开不了口？

可能大多数人所经受的教育，都是让一个人变得内心强大。但是，内心强大并不意味着所有事情都要自己解决。一个无法向别人求助的人，也许并不强大，因为求助这件事情对于他来说意味着羞耻。而如果一个人连自己的羞耻感都无法克服，怎么能称得上强大呢？

坚强，是一件好事；一味地坚强，却可能是顽固。事实上，向人求助不意味着求助者是弱小的，那只代表他深切地明白自己的局限性，知道自己可以做什么，而什么事情可以借势而为。这难道不是一种人生智慧吗？

在生活中，其实所有的事情都自己来扛的人是很常见的。而一个人之所以不敢"示弱"大概是因为，示弱意味着自己不够优秀。

第五章
那些曾让你无助的时刻，现在有变化了吗

一个孩子，如果从小到大的成长经历中，从未被父母支持，或者总是被拒绝，那么他就会本能地觉得别人都不会帮助自己。这也指向着他成年之后的想法：反正没有人会帮自己，求助也只是自讨没趣，倒不如一切都由自己来做。

一个孩子，如果他的养育者都是万事不求人的样子，那么他也会慢慢习得这种理念。从教育的角度来说，孩子几乎所有的行为都是模仿习得的，父母的影响对其极为深刻。在他长大之后，自然也会成为父母的样子。

一个孩子，如果他从小就被灌输只能强大的念头，那么在他成年之后也很难示弱。孩子会自动地认同养育者的信念，这些"原则"会在其成年之后深深地影响他。

其实一个人强大的重要标志是他能不能示弱，能不能承认自己的局限性。毕竟，只有井底之蛙才会认为自己看尽了天下，而搏击长空的雄鹰不会认为自己已经看遍了这个世界。

咨询案例

瑶瑶，女性，32岁，单亲妈妈。

瑶瑶的丈夫是在她怀孕的时候去世的，他们结婚没多久，瑶瑶就成了单身。是肚子里的孩子支撑着瑶瑶走过那段最灰暗的时光。但是，孩子一出生，瑶瑶就陷入了产后抑郁的状态。医生给瑶瑶开了药，并且建议她接受心理治疗，就这样，瑶瑶来到了我的咨询室。

掌控你的心理与情绪
高情商者如何自我控制

咨询的进展看起来还算顺利，至少表面上是风平浪静的。但我总觉得有哪里不对劲。后来我才想明白，瑶瑶在咨询中太配合了，给我一种不太真实的感觉，但是我没有点破。

我们的咨询大约进行了20次，突然有一次咨询，瑶瑶开始发难。她说之前自己说了很多话，但我总是不能理解她，以致她没法讲出自己的真实想法。那时候我挺挫败的，尽管我努力去理解她，但是我自己也觉得似乎她讲的话我都明白，又似乎不是很能听懂。

我想了一会儿，对她说："我看到你有些委屈，有些愤怒，不被理解的滋味确实让人很难受。我看到你在试着向我表达你的感受，但是我好像没有确切地体会到。我很想邀请你帮帮我，再多说一点，让我可以更多地理解你，好吗？"

在我说完之后，瑶瑶突然抬起头，看着我的眼睛。当她看到我的眼神的时候，忽然眼泪就止不住地流了下来。直到这次咨询快结束时，瑶瑶才停止哭泣。她突然和我说了一声谢谢，我很困惑，不知道她谢我什么。

"当你对我说让我帮你的时候，我突然感觉很温暖，从来没有人和我说过这样的话，好像我从小到大都应该是一个被别人帮助的人。当你这样说的时候，我觉得自己好像长大了。"看到我问询的眼神，瑶瑶和我说了这样一番话。

在那之后的咨询，瑶瑶像是打开了话匣子，和我讲了很多事情。我们的咨询也有了实质性的进展。

其实，被人需要对于一个人来说是有疗愈作用的。就像咨询中瑶瑶说的那样，**在你向一个人求助的时候，其实你在表达对其能力的认可。**那些在生活中总是无怨无悔地帮助别人的人，他们想要做的也许不是不计回报地帮助别人，而是在这个过程中被别人看到，他们是有能力帮助别人的。

同时，我们活在这个世界上，不可能是独立存在的，我们总会和各种各样的人产生连接。**当我们拒绝邀请别人帮助我们的时候，也是在拒绝和别人亲近。**而当我们可以接受别人的帮助的时候，也是在同意和别人产生连接。

怎样让自己放下面子，去向别人求助？

1.首先，看看自己所遭遇的困难，是不是自己可以解决。

如果一件事情你不能解决，又不去求助别人，就没有办法完成目标。这种情形可能需要你去求助。

如果一件事情你自己可以解决，但是费时费力，而别人可以很轻松地帮到你。比较是否去求助对你的感受和现实的异同，也许可以帮助你做这个决定。

如果一件事情你自己可以解决，但是有别人的帮助会更加顺利，那么不同性格的人可能会做出不同的决定。一个更倾向于自己解决问题的人，大概率不会在这种事情上求助。

2.问自己一个问题，向别人求助对于你来说，会付出什么代价？

找别人帮忙，或欠下人情，或金钱交易，不管是哪种，都可以在将来偿还。但是如果一个人觉得求助是对自己尊严或者身份的损伤，那么他就不容易去求助。

但是，事实上，当你向人求助的时候，别人不会用一种异样的眼光看你。有这样一句话，我认为说得很有道理："我都在关心别人怎样看我，哪有心思看轻你？"

3.列出向人求助带给你的益处，与自己的损失进行对比。

有了真切的比较才会有明确的对比。如果你能看到向人求助带给你的益处大于自己硬扛，这也会成为一个让你开口的理由。

4.最后，也是最重要的一点，找到你信任的、不会拒绝你的那个人。

任何行为的养成都需要强化。如果一个人学着开口求助的时候，面对的总是拒绝，那么他之后会更倾向于不开口；但如果一个人的愿望能够得到他人的满足，那么未来他也会更愿意表达自己的愿望。

自我康复训练

1.你最近有遇到什么自己无法解决的事情吗？
_____

2.你觉得你身边的人中谁能帮助你？
_____

3.你担心自己如果向他们求助，会麻烦他们吗？

4.如果你担心,这种感觉具体是怎样的?

5.你担心别人能力不足,不能达到你的要求吗?

6.你担心你不够受欢迎,别人不愿意帮助你吗?

7.你担心向别人求助的时候,会遭到嘲讽与讥笑吗?

8.你所担心的事情,会真实发生吗?

【自我评估】内心空虚感测试

如今人们的物质生活得到了空前的满足,但是内心的空虚仍无法填满,无论你有多少钱,都无法带来内心的丰盈。从心理学的角度来讲,内心空虚是指精神世界贫瘠,没有寄托,没有信念,时常感到无聊和寂寞。请完成下面的测试,测一测你的心理状况。

1.不喜欢目前的工作,体会不到任何乐趣,每天都是应付差事。

  A.是 B.不是

2.闲下来的时候不知道做什么,没有兴趣爱好。

  A.是 B.不是

3.与朋友相处没有存在感,总觉得自己像一个透明人,可有可无。

  A.是 B.不是

4.人生没有成就感,感觉自己是一个失败的人。

  A.是 B.不是

5.最近会反复思考某件事有没有意义,感觉自己在浪费时间。

  A.是 B.不是

6.没事就喜欢思考人生,纠结于一些无法得到答案的问题,如

"人生的意义""世界的本源"……

A.是　　　B.不是

7.工作没有动力，生活没有奔头。

A.是　　　B.不是

8.开始否定一切，想法越来越消极。

A.是　　　B.不是

9.会做一些平时不会做的事，通过寻求刺激寻找存在感。

A.是　　　B.不是

10.总是设法让自己忙碌，有时候完全是装出来的，目的是不让自己胡思乱想。

A.是　　　B.不是

评分标准

以上10道题，选择"是"得1分，选择"不是"不得分。

总分＜3分，说明你目前的状态很充实，继续保持，你的人生会越来越好；

3分≤总分＜6分，说明你偶尔会感到空虚，属于正常范围，可以根据个人性格决定是否让生活更充实、更忙碌；

6分≤总分＜10分，无论是生活中还是工作中，你都感到强烈的空虚感，如果你意识到问题的严重性，建议你咨询心理医生。

（测试结果仅供参考，不代表临床诊断）

【心理调节】一句话解释那些困惑你的人生问题

关于人生,每个人或多或少都有一些困惑,下面的话都不是这些困惑的标准答案。但是我想,如果我们能换一种思路思考问题,也许就能产生一些新的想法。

1.我有很多梦想,但总是觉得自己不够格,达不到自己的目标。

——在水滴穿透石头之前,它永远都不会想,我究竟能不能做到。

2.进入了一个不喜欢的行业,每天上班就像上坟。想辞职却没有勇气,如果继续下去又觉得人生没有意义。

——把一副好牌打好并不难,但不是所有人都能拿到好牌。人生的关键就在于,如何打好一副烂牌。

3.为什么我的眼中人间总是混乱喧嚣,究竟去哪里才能找到一片净土?

——一个人若不能在内心找到安宁,恐怕在哪里都无济于事。

4.我是一个悲观主义者,但总有人劝我笑对生活。人为什么一定要乐观呢?

——强颜欢笑,不如不笑。

5.我觉得失败很可怕,感到压力很大。

——想赢又怕输,最后才会一败涂地。获得成功的关键在于,跌倒了再爬起来。

6.生活不如意,前途渺茫。我总是暗自流泪,心情郁闷,我该怎么办?

——哭吧,把你的泪水都流出来,然后对着镜子笑笑。以后你还会有很多哭的机会,但是笑的机会更难得。

7.身在异乡,没有亲人、朋友的陪伴,感觉很孤单,我应该怎样认识更多的朋友?

——如果你足够亲善,朋友会主动来找你的。

8.最近与男/女朋友分手了,我很痛苦。

——不合适的人离开了,才能帮你把心空出来,留给更合适的人。

9.总是希望能给每个人留下好印象,为此活得谨小慎微。但是,依然有人不喜欢我,我该怎么办?

——如果你能让所有人喜欢你,那么我发自内心地佩服。但是如果不能,问心无愧便是了。

第六章

如果孤独不可避免,我们应该如何应对

存在孤独：难以避免的人生命题

"如果孤独无法避免，不妨尝试接受它的存在。越是逃离，它越会如影随形。"

什么是存在孤独？就是无论一个人和你多么亲近，他都无法完全懂你，无法完全了解你。你所有的艰难、痛苦都没有人能代替，只能由你自己承担。人会在某些时刻感到无助，甚至绝望，但是这一切无法靠别人拯救，只能自己在孤独中缓慢地前行。这就是存在孤独，每个人生而有之，无法避免的孤独。

生命的本质是孤独的，我们可以让自己沉浸在一些事情中，回避感受孤独。但是我们无法否认，即使我们再怎么不想看到它，它还是一直存在。即使是那个能够在某个时刻和你"同步"的人，也无法了解你的全部。

有一段好的关系能够缓和孤独，缓和的是人际孤独；探索自己的内在世界，也可以缓和孤独，缓和的是心理孤独；但是唯有存在孤独一直在，因为那是人与世界的关系。只要活着，人就得面对它。

存在孤独是存在主义哲学的四大人生议题之一[1]，是人生而无法避免的东西。如果一个人没有孤独的感觉，那么他可能还是一个婴儿。在心理学家玛格丽特·马勒[2]的理论中，婴儿在3个月大以前，感受上是和母亲融为一体的。一旦他开始进入分离——个体化阶段，他就要面对这个世界可能存在的挫折。而孤独从那个时候开始，就成了一个人终生都要面对的无法避免的挫折。

面对存在孤独，我们需要体验。在关系中体验孤独，在世界中体验孤独。一段好的关系能帮助我们更有力量地面对孤独。

就像是母婴关系，在一个婴儿开始探索世界的时候，如果他的身后有支持的力量，那么他就有更强的信心去克服阻碍。但是成人的关系与婴儿不同的一点在于，母亲对婴儿是单向的爱，而成人的爱是相互的，支持的力量也是相互的。

咨询案例

小娴，33岁，女性，心理咨询师。

小娴是我带领的一个心理咨询师支持小组的成员。对于心理咨询师，尤其是个人执业的心理咨询师来说，和每一名自由职业者一样，面临的最大的困境就是孤独感。其实每个人都会面临孤独感，但是因为心理咨询师的职业特点，面对的孤独感可能会更强烈一些。

在这个团体进行到第12次的时候，小娴谈到了自己的孤独。在此之前，尽管团体的其他成员也谈过这个议题，但是小娴从未

第六章
如果孤独不可避免，我们应该如何应对

开口。

小娴说，自己最近一段时间觉得很孤独，有点陷入抑郁的状态。每天自己的生活都排得满满的，见来访者、体验师、督导师，参加小组、案例讨论、读书、听课……其实以前自己的生活也是这样的，但是最近觉得自己越来越累，越来越什么都不想干。看起来自己的生活很充实，说给别人听的时候别人也很羡慕，但是自己不这样觉得。她说，即使每天都在见不同的人，但是身边没有人可以讲心里话，或者即使讲了，别人也不能理解自己。

有一名成员问她，你的体验师也不能理解你吗？小娴说她确实能理解自己，但是她希望在生活中也能有人理解自己，毕竟自己不能每天见体验师。她希望自己的生活除了工作，还有其他，至少有一个人能真的懂她。

团体陷入了一会儿沉默，然后大家开始讲自己是如何克服孤独的。有的人说，自己遇到了一些事情，不管是开心的事还是烦心的事，都会和伴侣说，有时候伴侣能给自己一些支持。有的人说，自己有很好的朋友，难过的时候会叫朋友一起去逛街，购物之后，自己就会感觉舒服很多。但是团体的大部分人说，和小娴有相似的感受，似乎自己的生活陷入了困境，不是过得不好，而是总处于一种孤独的状态中，有时候会怀疑自己存在的意义。

接着，团体又陷入了沉默。好像大家都在思索，为何孤独总是如影随形，还有每个人做的每件事情，有什么意义。这样哲理性的问题，当然不可能在短时间内想明白。

过了几分钟，我打断了这种沉默。我和团体说，刚才小娴说了自己感受到的孤独，引发了大家的思考，我看到每个人都在想关于自己和孤独的关系。也许我们每个人都一样，面对无法避免的孤独，我们都在面对它的考验。但是我们在这个团体中，似乎能够谈论它了。就像是屋子里的大象，总要有人指出它的存在。

这个时候，突然有一名组员对小娴说："谢谢你小娴，你帮我们看到了这个问题的存在，我意识到在我们谈论孤独的时候，好像孤独感暂时消失了。"小娴回应说，在大家对她的话作出反应的时候，在大家一起思考的时候，她也感到一种不一样的体验，好像在那个时候，她感觉有人同行，没有那么孤独了。

那一次团体活动虽然大家的氛围和团体的动力比较低沉，但是每个人都若有所思的样子。虽然孤独是我们每个人都无法避免的，但是只要我们有一些支持的力量，我们就有勇气去面对孤独，以及我们将要经历的无法避免的挫折。足够支持的力量或者足够充盈的关系对于每个人来说都非常重要。

面临孤独，我们可以做些什么？

1.至少建立一段和谐的关系。

至少保持一段亲密的关系，让自己可以感受到背后有人支持。

2.将自己的生活计划做得尽可能详细。

如果每一天的生活都能充实，我们就会更少地感到孤独。

3.保持好奇，拥有一些兴趣爱好。

如果能沉浸在一件事情中，人在那个时刻就不会感到孤独。

4.告诉自己孤独是无法避免的。

孤独本身是无法避免的，每个人都需要面对它。如果你在生活中经常重复前面3条内容，也许慢慢地你会有力量和勇气面对孤独。

也许那个时候你可以感受孤独是什么样的，或者试着接受那种状态，接受人生有局限性。

那个时候的接受不是被迫接受，而是在深刻地了解孤独之后，你开始觉得这是人生的常态，而不是一个问题。

自我康复训练

1.最近你是否感受到强烈的孤独感？

_____

2.如果有，它激起了你心理上、生理上的什么反应？

_____

3.你曾经有过这种体验吗？

_____

4.如果有，你是怎样应对这种感觉的？

_____

5.当时你花了多长时间让自己感觉好一点？

_____

6.如果让你用同样的方式处理这种感受，你觉得会和之前有同样的效果吗？

_____

7.你可以再做一些怎样的努力，让自己更快地摆脱不适？

_____

8.你愿意这样做吗？

_____

注 释

[1]存在主义四大人生议题：我们终将面临的死亡；我们必须按照自己的意愿生活得自由；我们终究是孑然一身的孤独者；人生并无显而易见的意义可言。

[2]玛格丽特·马勒（1897—1985）：匈牙利病理心理学家和精神分析师，动力心理学学派中著名的客体关系理论的主要奠基人。其观念对现代儿童发展心理学、动力心理学、变态心理学等领域产生了深远的影响。

生活中的很多苦痛都是多余的

"当你在凝视深渊时,深渊也在凝视着你。"

如果你见过足够多的人,也许你能总结出一个反常识的规律:虽然我们觉得有些痛苦来源于外界,但其实大多数痛苦是人自找的。

如果你在生活中听到一个人向你诉说他的不容易,然后你用这句话反驳他,相信我,即使他嘴上不说,心里一定也会骂你,因为在他向你诉说的时候,希望听到的是理解和安慰,而不是残酷的事实。而当你这样说的时候,就像是在和他说,你这是自作自受。他是不是自作自受也许无法论证,但是如果你和一个人说这样的话,那么被骂就是你"自作自受"。

在咨询中我见过很多这样的问题,一个人说自己希望被满足,但他总是和别人提一些无法被满足的需要,比如希望伴侣可以24小时陪在自己身边。或者他经常向一个不想满足他的人提要求,比如他希望一个被他伤害的人无条件地原谅他。如果没有被满足,他就会得出一个结论:没有人愿意满足我。

但现实不是这样的。也许伴侣能够尽自己所能去陪着他,虽然做不到一天24小时,但是除了工作之外,对方可以时刻黏着他。也许那个被他伤害的人只要一句简单的道歉就能重新接纳他。所以很多时候,不是我们不被满足,而是我们没有为自己能够被满足去做一些努力。

之所以不去做这些努力,不是我们不想被满足,而是从某种程度上讲,我们害怕自己的"愿望"实现。

一个从小就没有被爱过的人会极度渴望爱,但是一旦有人表现出对他的爱,他又不敢相信爱是真实存在的。于是他会不断地试探和证明爱的存在。在这种不断升级的试探中,对方可能本来是有爱的,但是被吓跑了。于是他理直气壮地说:"我果然是不被爱的。"

这在逻辑上不合常理,但是在内心体验上很合理。一个人之所以破坏自己可能获得的幸福,是因为得到这种幸福对于他来说是一种"罪恶",这种罪恶是对过去的自己和自己所处的环境的背叛。为了避免背叛带来的罪恶感,一个人要让自己留在一种既定的命运里。

一旦我们超越了这种"命运",我们就真正活出了自己,从而避免大多数自找的痛苦。

咨询案例

优优,女性,22岁,大三学生。

第六章
如果孤独不可避免，我们应该如何应对

优优是由她的妈妈带着来到咨询室的，因为最近遭遇了失恋的挫折，优优的状态很不好。再加上大三下学期已经没有什么课了，优优回了家。妈妈看着优优的状态，不知道如何是好，所以带她来到了咨询室。

第一次咨询，优优基本上都在哭。她和我诉说前男友之前对她多好，但是突然间就像变了一个人，抛弃了她。她说她明明只是要男朋友给自己买一顶帽子，又没有提什么过分的要求，为什么他就不能像过去一样满足自己。虽然在她的描述里，她觉得前男友以前对她的关怀无微不至，但是她似乎已经认定，前男友以前的样子都是装出来的，他后来表现出的冷漠和绝情才是他真实的样子。

优优在咨询室里表现出的情绪很不稳定，持续了四五次咨询的时间。在那段时间里，我只是试着理解她的感受，给她一些共情。在我们进行到第7次咨询的时候，优优终于平复下来，不像之前那样情绪激动。

优优再次和我讲了他们分手的场景。她说，在分手的前一周，自己感觉有些不舒服，于是打电话给男朋友让他帮忙给自己买药，但是他那个时候和朋友在篮球场打球，于是他托同班的女生买了药给优优送过去。这件事情让优优很不开心。一方面，他没有亲自去买药给自己送过来，优优觉得他不像以前对自己那么好了，连打球都比自己重要；另一方面，他找其他女生帮忙，让优优觉得很不舒服，感觉好像自己心爱的玩具被别人抢走了。于是那次之后，优优和他大吵了一架。接下来，他

掌控你的心理与情绪
高情商者如何自我控制

们就陷入了冷战。

优优再次联系前男友是在那次吵架一周之后,她和他说,自己看上了一顶帽子,让他买给她。优优以为这样是给对方一个台阶下,她也不想继续冷战了。但对方的话让优优一下子心凉了。前男友对优优说,要和她分手,说他受不了优优总是因为一些鸡毛蒜皮的小事和自己吵架。

说到这里,优优很气愤,她对我说:"你知道吗?在他和我分手的第二天,我就在食堂碰到他和那个给我买药的女生一起吃饭,他一定是变心了。"优优对此耿耿于怀。我问她,究竟是对方和她分手让她更难受,还是看到他和其他女生在一起更难受。优优沉默了一会儿,说他和那个女生都是班干部,不仅是他们两个,其实很多班干部都会在一起讨论事情。而且,她看到他们在食堂的那次,没有什么亲密的举动。只是,她觉得心里不平衡,凭什么自己这么难过,而对方却像什么都没有发生一样。

听了优优的描述,我对她说:"让我们暂时把视线拉回你前面讲的你们分手时的场景。似乎是因为你觉得他没能理解你的感受,没有在你需要他的时候出现,所以生他的气。而你明明给了他台阶,但是他一点都不识趣,还要和你分手,是这样吗?"优优点点头。于是我紧接着问她:"所以,你觉得只要你需要,他就得在?或者,只要你给了理由,他就得接着?我可以这样理解吗?"

优优沉默了一会儿,说自己知道这不太现实,但是在自己有情绪的时候，忍不住会这样想，如果对方没有按照自己的要求去做，自己就会很难受。我说，在你和我讲明白你是怎样想的之前，尽管我很想理解你，但是我好像也很难真正理解你的感受。优优似乎想到了什么，问我是不是在告诉她，她需要告诉对方自己真实的想法。我没有回答她这个问题，只是告诉她，这是她自己的选择。

后来的一次咨询，优优兴高采烈地来到咨询室，告诉我她和男朋友和好了。她和男朋友讲了自己是怎样想的之后，男朋友告诉她，其实他也不想分手，只是有时候不知道怎样面对她，所以选择逃避。在他们真的沟通之后，似乎之前的事情的负面影响就消失了。而在优优口中，男朋友又变成了那个对她很好的人。

有时候，当我们陷在自己的主观世界中，我们无法听到外界的声音，也无法让自己客观地看待这个世界。如果这个时候我们做出一些选择，这个选择很有可能不是我们真正想要的。

当我们能够走出自己的主观世界，我们才能真正清醒地看待我们所经历的一切。

怎样的痛苦是能避免的？

1.将你最近所经历的让你觉得难受的事情列出来，并写下你的感受。

2.在这些感受中,找出那些你以前经常感受到的痛苦。

对于大多数人来说,我们都在重复以前的模式。如果有些痛苦是自找的,那么我们能够从过去的经历中找到蛛丝马迹。

3.回想你当初做了什么让你感到痛苦,和现在的做法是否类似。

4.如果你能找到一些相似的地方,也许你可以试着用一种不一样的方式面对当下遇到的问题。

如果我们能够意识到问题,就找到了一个能够改变现状的契机。抓住这个契机,尝试做一些改变。

5.你会发现,只要你做出一些不一样的尝试,你所感受到的痛苦就会发生改变。

🗝 自我康复训练

1.在你的关系中,你常常会觉得不被对方满足吗?

_____

2.在你提出怎样的需求时,你会感受到不被满足?

_____

3.你提出的这些需求有类似的地方吗?

_____

4.结合现实,你觉得对方是不愿意满足你,还是不能满足你?

_____

5.如果对方确实没有能力满足你,你依然要"自讨苦吃"吗?

_____

6.有没有可能,你做出一些什么改变,对方能够满足你?

_____

7.或者,你可以从什么其他地方得到你想要的东西?

_____

内疚感：让人丧失动力的罪魁祸首

"内疚就像是心理上的癌细胞，即使导致它的记忆不再，它也会顽固地在人的体内开枝散叶。"

常常听到我的青少年来访者和我说这样的话，明明自己想要学习，但是在家长的"激将法"之下，自己就一点动力都没有了。所谓的激将法，大多数是这样的话，"我供你读书，你不好好学习就是对不起我"，或者"你要是现在不好好学习，将来的人生就完了"。

其实不仅仅是青少年，我想任何人在生活中都经历过这种被"激励"的体验，比如一些公众号文章，不断地以引发焦虑的方式使人奋进。

这些所谓的"激励"，其实大多数起不到真正的激励效果，反而会使一个人丧失进取的动力。

每个人都希望自己卓越，这是人类的本能需要。但不是所有人都能变得卓越，这可能和内疚感有关。回到前面举的例子，一个孩子可能希望自己学习好，但是家长告诉他学习不好就是对不起他们的培育，这样就会激起孩子的内疚感，内疚感会让他想要努力，但是这种努力不是发自内心的，而是被控制的。久而久之，这样的"努力"会让一个人的心理能量丧失殆尽，进而没有力量继续维持努力的假象。

因为在一个人没有被理解，而是被要求的时候，事实上他得不到心理能量的补充。他会感到无助、无力，甚至非常孤独。处于这样的境地下，怎么能奢求他无视这些挫折，并且负重前行呢？

咨询案例

小青，女性，20岁，大一学生。

小青来到咨询室的时候，是她刚读大学的第一个学期。因为适应不良，她的辅导员推荐她到我这里接受咨询。

小青在咨询室中告诉我，她之所以不适应大学的生活，是因为大学里管教太松了。小青是在一个家教很严的家庭中长大的，一方面，她想要休息、玩耍；但是另一方面，家长和老师都逼着她好好学习。在大学之前的时光，小青都是在这样的矛盾中度过的。

终于考上了大学，小青以为自己可以像之前家长和老师说的那样，让自己放松一点了。但是一旦放松下来，小青就会陷入不安的状态。之前被无数次管教形成的一定要好好学习的信念深入她的骨髓，纵使她让自己在行为上放松，但是心理上无法承受这样的煎熬。一旦她不好好学习，内心似乎就有一个声音在对她说：

掌控你的心理与情绪
高情商者如何自我控制

你这样对得起父母的养育之恩吗？

于是，一方面，小青想让自己放松一点；另一方面，一旦真的放松了，小青又觉得无比痛苦。

事实上，每个人都喜欢放松，这是每个人的本能，因为每个人都向往愉悦，而放松和愉悦直接相关。但是这不意味着一个人不会主动学习，因为每个人也有自我实现的需要，这种需要同样指向愉悦。

但是在小青的经历中，她的自我实现的部分被"剥夺"了。在小青的描述中，我发现，学习对于她来说只是减轻自己的内疚感和罪恶感的方式，而不是她发自内心想要做的事情。父母通过无数次向她灌输"如果学习不好就是对不起父母的养育之恩"这个观念，而使小青产生内疚感，从而控制小青，让她努力学习；但也是这种控制，剥夺了一个人想要学习和自我实现的动力。如果小青的学习只是为了别人，只是为了消除自己的内疚感，那么这种行为一定不能长久。在读大学之前，她还能因为别人的逼迫，使自己这样做；但是一旦没有了这种逼迫，她就陷入了无力的境地。

在我们的咨询进行到第5次的时候，我问小青，在让自己放松的时候，那种不舒服的感觉是怎样的。小青说会觉得对父母很愧疚，他们把自己养这么大，自己却如此懒散，自甘堕落。她似乎陷入了无法自拔的内疚感中。我问她，所以你觉得只要不学习就是堕落？小青愣了一下，说差不多是这样的。

在后续的咨询中，小青和我讲了很多小时候的事情，她是如何被高规格地要求长大的。其实高中之后父母也没有像小时候那样逼着她学习了，但是父母的严格要求似乎已经内化到她的内心。我问她，如果她觉得只有学习才是上进，不学习就是自甘堕落，而且会产生内疚感，那么她为什么还要让自己放松呢？小青说自己真的很累，看到其他人可以不用那么努力，自己真的很羡慕，然后她开始在咨询室中号啕大哭。

在那之后，我在咨询中主要做的就是支持她按照她感觉舒服的方式生活，这对于她来说很难，但是她在不断尝试。有时候她还是难以忍受内疚的煎熬，但是我看到她慢慢地能够享受自己的生活了。

每个人都会有内疚感，这是一个人从一元关系中走出来，开始社会化的标志。但是过强的道德标准和过高的自我要求，会使一个人的内疚感猛增，以致无法真正地享受生活。而这个时候，他们需要的也许只是有个人告诉他："其实你可以停一停。"

如何让你的内疚感少一点？

1.列一个表格，把那些你觉得内疚的事情都写下来。

写下所有让你觉得内疚的事情，不要隐瞒或者修饰你的想法，你只是给自己看。

我们可能一直都处于内疚中，但是我们很少真的面对我们内疚的是什么。通过这个过程，你可以厘清自己的内疚感。

2.对于每一次内疚感，仔细想一下，可以通过怎样的方式让自己感觉好一点。

假如你觉得某一天没有读书而让你觉得内疚，可以试着列一个读书计划，并且执行它。你不必对自己要求过高，即使是每天读10分钟的计划，也可以让你的内疚感减少。

如果这仍然不起效，告诉自己，你已经做了你能做的。你可以不必对自己要求过高。

3.再列一个表格，写下那些你在意的事情。

在你的生命中最重要的是什么？你最在意的人或事是什么？

4.思考一下，你可以为你在意的人或事做些什么。

如果你在意的是心灵的安宁，也许你可以每天安排一个时间进行冥想，让自己更加专注地活着。

5.建立一些能够减少内疚感的计划。

这一条是对前面几条的补充，你可以通过一些行动，让自己减少内疚感，比如早睡早起，养成阅读的习惯，等等。

6.如果你能按照上述方法去做，那么你养成减轻内疚感的习惯指日可待。

自我康复训练

1.在你的生命中，有什么让你觉得内疚的事情是让你至今难忘的吗？

第六章
如果孤独不可避免，我们应该如何应对

2.如果告诉自己，我们确实无能为力，无法改变一些既定的事情，你会有什么感受？

_____

3.你能接受自己的无力和无助吗？

_____

4.花一些时间冥想，重新建构那个让你感到内疚的情境，你看到了什么？

_____

5.你看到的和以前有什么不一样吗？

_____

6.事实上，你觉得你的内疚感的源头是什么？

_____

7.你能把你的情绪释放出来吗？对着什么人，或者只是对着周围的环境。

_____

8.你觉得有没有什么人，能在这件事情上给你支持？

_____

9.你愿意向其他人求助吗？

_____

10.记住那些让你感到内疚的时刻，并试着在你伤害自己的时候提醒自己。

_____

如何走出人生的至暗时刻

"绝望并不源于某件事情，而来源于希望的破灭。"

每个人的人生都要面对许多不如意。有的人面对不如意，会站起来继续前行；有的人面对不如意，却会一蹶不振。

也许有人认为那些一蹶不振的人意志力薄弱，但是面对挫折时的痛苦感受，是其他人无法感同身受的。一个人之所以停滞不前，可能不是因为他意志力薄弱，而是因为绝望的感受作祟。

客观来说，也许我们能够观察到一些人的绝望是随着事情的失败而来的，但是这其中有一个很重要的因素被忽略了。一个人之所以感到绝望，不只是因为事情的失败，而是因为他无法再感受到希望。如果一个人无论在什么时候都觉得自己的未来是有希望的，那么绝望的感觉自然很难出现。

所以，在我们经历了一些挫折和失败的时候，如果我们感到绝望，能使我们从这种绝望中走出来的，不是去寻求一种避免失败的方法，而是找到属于我们自己的希望，找到属于我们自己的人生之光。

第六章
如果孤独不可避免，我们应该如何应对

🔧 咨询案例

梅子，女性，28岁，小学语文教师。

在梅子第一次来到咨询室的时候，她刚被确诊为抑郁症。因为病情不严重，医生给她开了药，梅子就回家休养了。同时，她听从了医生的建议，找到我进行心理咨询。

第一次见梅子，是一个初秋的午后。她看起来很年轻，很有活力，上身穿着一件简单的白衬衫，搭配一条蓝色的百褶裙和一双简单的帆布鞋。在我的印象中，她和抑郁症患者表现得很不同。

来到咨询室之后，她说她是听从医生的建议来做心理咨询的，但其实她也不知道在这里能做什么，更不知道会有什么效果。我和她说，她可以说任何想要说的话，我们可以试着看看能做什么，可能会有什么效果。梅子答应了。

第一次咨询，梅子给我讲了一些她自己的日常生活。她是一名小学语文老师，工作三四年了。她平时的工作就是每天有三四节课，课前做准备，课后批改作业，偶尔会有一些公开课的任务。除了工作，平时她喜欢读书，写点东西，寒暑假的时候可能会去旅行。在梅子的描述中，她的生活似乎没有什么波澜，每天都是按部就班的。但是同样地，在这样的生活中，似乎很难有什么重大的事情会对她造成创伤。

第一次咨询，梅子整场都表现得很平静，让我有一种不真实的感觉。这种不真实，有点像是她在讲述一个和她毫无关系的旁人的事。我不太能听到她在自己的话里有什么感觉。

第二次咨询的时候，梅子才和我说了导致她抑郁的事件。原来三个多月前，梅子和前男友分手了。事实上，在分手之前，梅子已经和前男友订婚，但是在他们即将结婚的时候，她发现了他劈腿的证据。在发现前男友劈腿之后，梅子没有听前男友解释，决然地提出了分手。在那之后的一个月，梅子还是按部就班地工作、生活，直到学校放了暑假，梅子因为没有工作要忙，突然好像变了一个人，整个人都变得低沉起来。

在梅子讲了与前男友分手的事情之后，我才发现她在咨询中开始变得更加符合她真实的现状。从第三次咨询开始，她开始迟到，甚至有一次咨询迟到了将近半个小时，不过好在每一次咨询她都来了。我记得我曾经这样和她说："也许对于你来说，从家里走出来，去做一件你不知道可能会有什么意义的事情，比如心理咨询，是很难的。但是我很庆幸你能每次都来。感谢你的努力和不容易，让我们有机会试着做些什么。"本来梅子对自己的迟到感到很自责，但是在她的不容易被看到之后，她的思路转向了，和我讲她是如何花很大的力气，让自己显得"正常"的。

在和前男友分手之后，她强迫自己和往常一样生活、工作。每天，她把自己埋在工作里，甚至之前她最喜欢和闺密一起出去逛街，也再也没有去过。她从一个岁月静好的文艺少女，变成了一个工作狂。她没那么喜欢辛苦，但是相比于感受失恋的痛苦，工作的劳累似乎不算什么。但是，这种对自己的逼迫怎么可能长久呢？在暑假来临之前，梅子就有点撑不住了。在放暑假的时候，梅子就彻底崩溃了。在来咨询之前，她每天都把自己关在屋子里，不和任何人讲话，她的状态吓坏了家里人。

虽然梅子的表现看起来非常抑郁，但是从诱因来看，是一个应激事件引起的，这样的抑郁状态相对来说是比较好缓解的。在我们后续的咨询中，我更多地听梅子讲她的感受，还有她现在面临的状态。其实在她的心里，她之所以这么难受，不是因为分手，而是因为分手之后，她开始变得不相信爱情。她觉得是因为自己不够好，所以前男友才会劈腿，她的心理能量全部指向了对自我的指责。

在咨询室里，我试着给梅子一些支持。这种支持性的工作大约持续了三个月。三个月之后，通过一种潜移默化的影响，梅子逐渐意识到，前男友劈腿不是她的错。选择用行为来破坏这段关系的，确实是前男友，怎么能把责任都归结于自己呢？

大约五个月后，梅子从抑郁的状态中走了出来。她开始恢复以前的样子，不会在休息的时候整天窝在家里，脸上的笑容也比之前多了。

如何走出人生的低谷？

1.如果你正处于人生的低谷，请把自己正在经历的写出来。

书写的过程是一个自我梳理的过程，通过这个过程，你能看到一些平时自己没有发现的东西。

2.你所经历的痛苦中，一定会有一些积极的意义。

比如经历一段恋情的失败，你可能曾经在这段恋情中有过一些好的感受，回想一下那些好的感受。另外，一段恋情之所以失败，可能有多方面的因素，但是不管这些因素是什么，可能都反映出同一个原因，你们的感情无法走到最后。即使没有结果，你在其中经历的感受也是真实存在的。

3.重新看到这些积极的意义，并思考通过它们你的未来可能被怎样积极地影响。

4.重新建构你对未来的期望，告诉自己，只要你想，你就能得到你想要的生活。

自我康复训练

1.你正在经历困难的时刻吗？
_____

2.当下你有怎样的感觉？
_____

3.如果你感到痛苦，那么这种痛苦对于你来说一定是一件坏事吗？
_____

4.在你经历过的痛苦中，有没有哪一次带给你积极的意义？
_____

5.现在回过头来看看现在你所经历的，其中有什么积极的意义吗？

第六章
如果孤独不可避免，我们应该如何应对

6.如果让你畅想一下未来的生活，你希望是什么样的?

7.你觉得现在所经历的一切，有没有可能为你想要的生活助力?

超越孤独：生命中不能承受之痛

"生命从不曾离开孤独而独立存在。无论我们出生、我们成长、我们相爱还是我们成功失败，直到最后的最后，孤独都犹如影子一样存在于生命的一隅。"

上面这段话出自加西亚·马尔克斯[1]所著的《百年孤独》一书，虽然这是魔幻现实主义的代表作，但是其中所展现的人生真谛是实实在在的。无论一个人的人生如何，他都逃不过孤独。

纵然孤独是马尔克斯著书的主题，尽管这也许和他的人生经历有关联，但不可否认的是，不仅是马尔克斯，我们每个人都一样，都得面临无法避免的孤独。而让我们不再经受孤独感的侵袭的直接方式，就是超越这种孤独感，使自己更加超脱。

孤独是一个哲学议题，也和我们的生活息息相关。1954年，有心理学家做过一项实验。被试被要求待在隔音的房间中，戴着眼罩，双手双脚都被限制，头部和颈部也被胶枕垫着。他们除了进食和排泄，只能躺在床上。尽管这项实验的报酬不错，但是几乎没有人能在这样的环境中待三天。即使是能忍受这种孤独的被

第六章
如果孤独不可避免，我们应该如何应对

试，也被观测到出现幻觉、身体疼痛、反应迟钝等症状。

2018年，英国广播公司联合英国的三所大学做过一项关于孤独感的调查研究。结果显示，一个人感到孤独，不意味着他没有社交能力，也不意味着他是孤僻的，一个时常感到孤独的人，可能比其他人更加富有同理心。

虽然孤独是我们人生中不可避免的部分，但是如果我们能从积极的角度重新建构它，那么孤独也能成为我们的资源。发现事情的积极意义和重新解构、建构新的意义是后现代心理治疗的核心。在这样的视角下，我们可以重新思索，孤独对于我们的人生究竟有什么积极意义。

在本章前面的章节，我们谈论了那些无法避免的孤独。也许我们可以再试着想想，在面对孤独之后，我们可以如何使其成为我们的资源。

事实上，孤独感从心理意义上来说，是一种对个体心理的保护。虽然人是活在关系中的，但是只要有关系，就可能有伤害。而孤独感的存在和被感知，从某种程度上避免了这种伤害。如果一个人能够"享受"孤独的存在，那么他就可以避免与外界发生关系，从而避免可能随之而来的伤害。

虽然这种避免关系带来的伤害，看起来像是一种逃避，但是在个体无法面对一件事情的冲击时，逃避是一种很有效的保护自己的方式。从这个角度来看，孤独是具有积极意义的。而在这样的意义下，或许我们可以重新定义"孤独"：机体为了避免外界所带来的伤害，而使自己主观地存在于一种与外界切断连接的状态。

如果在孤独中，我们能发展出更强的自我功能，能有更强的能力面对可能的人生挑战，那么孤独对于我们的人生可能具有不同的意义。虽然人的功能是在一步步探寻与重要关系的连接中建立的，但是在这个过程中孤独的存在使我们有退路。而这正是其最重要的意义。一旦我们真的觉知到它的积极意义，它就能为我们的人生助力。

咨询案例

小轩，男性，17岁，高二学生。

小轩是刚升入高中二年级的时候由妈妈带来咨询室的。在前期沟通的时候，小轩的妈妈告诉我，小轩想要学习画画，而不想像其他人一样通过文化课的成绩参加高考。对此，小轩的妈妈觉得他是不务正业，希望我能扭转小轩的这种想法，劝他打消这个念头。我告诉小轩妈妈我无法这样做，但是也许我可以在和小轩的沟通中，和他一起梳理，看看他想要的是什么，然后由他自己来决定。小轩的妈妈对此有些不太满意，不过她还是带小轩来到了咨询室。

刚来咨询室的时候，小轩很抗拒，不和我讲话。也许在他的眼里，我被他划到了妈妈的那方阵营，是"阻止"他追寻理想的坏人。第一次咨询的大部分时间我们是在沉默中度过的，直到最后，小轩问我为什么不说话。我摊摊手，问他希望我和他说些什

第六章
如果孤独不可避免，我们应该如何应对

么。他说他以为我会像其他人一样劝他打消不切实际的念头。我没有回答他。于是，过了一会儿，他开始和我说，他想要学画画是经过深思熟虑的。因为第一次咨询的时间不多了，所以他只是开了个头。我约了他下次继续讲。

在第二次咨询的时候，小轩告诉我他想要学画画的原因。一方面，他很喜欢画画，也确实在这方面有一些成就。从小他就喜欢画画，还在初中的时候得了市级比赛的银奖。另一方面，他真的不喜欢学习文化课。小轩说妈妈总是告诉自己，画画可以作为一个兴趣爱好，但是想要靠画画谋生，他以后一定会后悔的。但是他觉得妈妈说得不对，既然他想要这样选择，就会为自己的选择负责，并且，即使他真的被妈妈言中了，那也是他自己的事情。还有，他在学校里感觉很孤独。他不喜欢同学，在他口中，他的同学都是一群学习学傻了的书呆子，只有在画画的时候，他才觉得不孤独。

"你觉得你已经长大了，可以为自己的选择负责。而且，似乎选择画画，对于你来说，至少对于现在的你来说是一件更好的事情，那会让你更有存在感。"听了小轩的话，我这样回应他。小轩似乎从未听过任何理解他想法的声音，在我这样讲之后，他很用力地点头，显得很激动。

也许，对于小轩来说，这个选择不是像妈妈说的那样没有经过任何思考。也许小轩的年纪还小，也许他的思想不成熟，但是我想，对于他来说，这个选择一定在他的脑海中反复演练过无数次。

那次咨询之后,小轩没有再出现。小轩的妈妈和我说,不想让小轩再来了,她觉得咨询没有解决她的困惑,反而让小轩更加坚定了自己的选择。

在那之后的很长一段时间我都没有见过小轩。过了大约两年的时间,我再次见到了小轩。原来小轩的妈妈还是没有拗过小轩,松口让他学了画画。而小轩也如愿以偿,考上了一所心仪的美术学院。而那次来到咨询室,正是他要出发去大学前的一周。

事实上,虽然小轩说了很多自己对学画画的思考,但是其中最重要的一部分是他能在这件事情中真的感觉到自己的存在。

对于高中生活,小轩是不适应的。如果说他之前的生活是彩色的,那么在他的描述中,高中沉重的学业负担,让他的生活变成了灰色。尽管学习画画客观上来说不比单纯学习文化课轻松,但是这两者对于小轩来说,他的动力是不一样的。

如果一个人做一件事情更有动力,那么他一定会在这件事情上更有成就。因为任何的委曲求全,都比不上自发的喜爱。

我们可以在孤独中找到怎样的积极意义?

1.如果你感到孤独,可以在你的孤独感中沉浸一会儿,去感受它的存在。

2.你会有怎样的感受?是孤独、寂寞,还是轻松、自在?

3.根据你的感受,也许你可以试着在孤独的状态下完成一些

第六章
如果孤独不可避免，我们应该如何应对

自我的命题。

如果你一直想做一件事情，但是因为纷扰的世界对你的打扰无法完成，也许你可以试着在独处的时候完成它。

比如把你的感受创作成艺术作品，无论是诗歌、小说，还是音乐、图画。这不仅仅是一种创作，也是对你的心灵的探索、发现之旅。

或者你可以在孤独中安静下来，完成一些你一直没有完成的工作，学习一些你一直想要学但总是被其他事情占满的东西。

你可以试着在没有人打扰的时候，做一些你自己想做的事情。

4.告诉自己，每个人都有孤独的时刻，而对孤独的时刻的把握，是让你与众不同的契机。

自我康复训练

1.最近你没有感受到孤独的时刻？

_____

2.如果有，你觉得是什么导致了你的孤独？

_____

3.孤独对于你来说，是一种享受，还是一种煎熬？

_____

4.你有一段能与你分担孤独的关系吗？

_____

5.你有能使自己沉浸其中的事业或者兴趣爱好吗？

6.如果孤独对于你来说是一种煎熬，你做了你能做的所有努力吗？

注　释

[1]加西亚·马尔克斯（1927—2014）：哥伦比亚作家、记者和社会活动家，拉丁美洲魔幻现实主义文学的代表人物，1982年诺贝尔文学奖得主。

【自我评估】UCLA孤独感量表

心理学家罗素、佩普洛、弗格森等人在1978年编制了UCLA孤独感量表,目的是测量"对社会交往的渴望与实际水平的差距"而产生的孤独感。

人的一生中,每个人都会或多或少地体验到孤独感,这不是一件可怕的事情,然而有些人如果无法得到有效的心理疏导,孤独感就会成为习惯,最终导致性情孤僻,少数人还会发展为自闭症。

阅读以下20个问题,选择其中最适合你的选项。

1.你经常感觉拥有和谐的人际关系吗?

　A.从不如此　　B.很少如此　C.有时如此　　D.一直如此

2.你经常感觉生活中缺少朋友吗?

　A.从不如此　　B.很少如此　C.有时如此　　D.一直如此

3.你经常感觉身边没有一个可以信任的人吗?

　A.从不如此　　B.很少如此　C.有时如此　　D.一直如此

4.你经常感到寂寞吗?

　A.从不如此　　B.很少如此　C.有时如此　　D.一直如此

5.你经常感觉自己属于朋友中的一员吗?

掌控你的心理与情绪
高情商者如何自我控制

  A.从不如此 B.很少如此 C.有时如此 D.一直如此

6.你经常感觉与周围的人有许多共同点吗？

  A.从不如此 B.很少如此 C.有时如此 D.一直如此

7.你总是觉得与任何人都很难建立亲密关系吗？

  A.从不如此 B.很少如此 C.有时如此 D.一直如此

8.你经常感觉你的兴趣、想法与周围的人不一样吗？

  A.从不如此 B.很少如此 C.有时如此 D.一直如此

9.你经常想与人来往、主动结交朋友吗？

  A.从不如此 B.很少如此 C.有时如此 D.一直如此

10.你总是感觉与他人的关系很亲近吗？

  A.从不如此 B.很少如此 C.有时如此 D.一直如此

11.你经常感觉被人冷落吗？

  A.从不如此 B.很少如此 C.有时如此 D.一直如此

12.你经常感觉你与别人的来往是利益关系，没有其他意义吗？

  A.从不如此 B.很少如此 C.有时如此 D.一直如此

13.你总是感觉身边的人无法理解你吗？

  A.从不如此 B.很少如此 C.有时如此 D.一直如此

14.你总是感觉与人有隔阂吗？

  A.从不如此 B.很少如此 C.有时如此 D.一直如此

15.当你想要社交时，总能轻易找到朋友吗？

  A.从不如此 B.很少如此 C.有时如此 D.一直如此

16.在你的生命中，至少有一两个人能真正地了解你吗？

  A.从不如此 B.很少如此 C.有时如此 D.一直如此

17.你经常感到羞怯吗?
　　A.从不如此　　B.很少如此　　C.有时如此　　D.一直如此
18.虽然身边有很多朋友,但你总觉得他们并不关心你吗?
　　A.从不如此　　B.很少如此　　C.有时如此　　D.一直如此
19.你经常感觉有人愿意与你交谈吗?
　　A.从不如此　　B.很少如此　　C.有时如此　　D.一直如此
20.你经常感觉有人值得你信赖吗?
　　A.从不如此　　B.很少如此　　C.有时如此　　D.一直如此

评分标准

本量表总分等于各条目分数之和,评分采用1—4分制。其中,1、5、6、9、10、15、16、19、20题为反向计分,其余为正向计分。即正向计分时A=1分,B=2分,C=3分,D=4分;反向计分时A=4分,B=3分,C=2分,D=1分。

将各条目分数相加得到总分。

总分≤28分,你的孤独感较低,很少会有这方面的困扰。

28分<总分≤33分,孤独感程度属于一般偏下水平。偶尔会感受到孤独,但是孤独感不会对你造成困扰。我认为这是一种不错的状态,毕竟在喧嚣的世间,能停下脚步享受孤独也是一种诗意的人生。

33分<总分≤39分,孤独感属于中等水平。不用担心,大多数人可能像你一样,有时候会受到孤独感的困扰。根据你的性格适当调整,如果你相对害怕孤独,可以更多地参与社交。

39分<总分≤44分,孤独感属于中等偏上水平。你可能经

常受到孤独感的困扰,并希望做出改变,你可以在专业人士的帮助下尝试一些治疗方法,摆脱孤独感对你的影响。

总分 > 44 分,你的孤独感水平较高,如有必要,请寻求心理咨询师的帮助。

(测试结果仅供参考,不代表临床诊断)

【心理调节】导致痛苦人生的7味毒药

人生在世,我们会面对很多幸福的时刻,当然也会有一些不尽如人意的时候。有些事情我们无法控制,不得不接受它,如天灾、人祸。但是有些痛苦我们是可以避免的,如果我们对自己保持觉察与反省。

下面几种情况,大多数时候会为我们带来一些痛苦。如果你想拥有幸福的人生,我想你知道该怎样做。

1.物质滥用

无论是抽烟、酗酒,还是对药物成瘾,不仅会对人的身体健康有极大的损害,还会对人的心理造成一些不可逆的损伤。

纵使我们在当下感受到痛苦与煎熬,我们也可以通过一些其他的手段对自己的情绪与感受进行调节或者疏解。

当然,借助一些行为或者物质缓解自己的痛苦,不全是致命的。但是,一旦我们陷入"上瘾"的境地,这种随之而来的持续的痛苦就很难避免了。

2.嫉妒

嫉妒是一种一旦染上就很难摆脱的瘾。

和物质滥用一样，一旦一个人习惯于嫉妒他人的所得，他就会慢慢落入痛苦的深渊。因为没有任何人能在所有方面超越其他人，所以如果嫉妒开始在一个人的内心生根发芽，他的欲望也会被无限放大，进而很难再感受到幸福。

3.懒惰

这里所说的懒惰不是指行为上的懒惰，而是指精神上的懒惰。

行为上的懒惰不一定会使一个人痛苦。一个行动力看起来没那么强的人，也许只是对现在所做的事情缺乏兴趣，也许他有能力在未来让自己过得更好；即使是一个不想做任何事情的人，也许他对自己的生活是满意的；即使没有世俗所谓的成功，他依然能感受到幸福。

但是精神上的懒惰就比较严重了。如果一个人发自内心地对生活感到无聊，那么他的内心会充满匮乏感。精神上的懒惰会导致匮乏，匮乏又会反过来加深懒惰。这会形成一个恶性循环，消磨所有幸福的可能性。

4.反复无常

一个反复无常的人，不仅在其所在的行业无法立足，而且在他的人际关系中，也很难体会到幸福。

一个反复无常的人缺乏稳定感，他必须面对随之而来的无数的失控。失控的感觉大概是每个人从婴儿期就能体会到。如果一个婴儿体会到他的需要不能被养育者满足，失控就会作为他的人生面临的第一个挫折出现。

5.从不反思

如果一个缺乏稳定感的人，常常感受到失控，并且不能摆脱这种感觉,那么他对未来的人生会充满恐惧,自然很难再体验到幸福。

如果一个人从来不会对自己进行反思,他就会数十年如一日,保持在相似的人生状态。

一个人做错了事情,这不可怕,他有机会从错误的道路走回正确的道路。但是如果他缺乏反思的能力,缺乏对自我的认识,那么他就可能一错再错,无数次掉进同一个坑里。

习得性无助是积极心理学中的一个名词,讲的是一个人因为早年习得了失败的经验,而无数次重复失败。只有一个人能客观地看待自己的失败,他才有可能摆脱这种习得性无助的旋涡;反之,则会一直深陷其中。

6.贪婪

无论一个人拥有多少资产,取得多少成就,只要他心存贪念,幸福大概就与他无缘了。

我们无法完美,无法拥有整个世界。一旦你过于完美主义,痛苦就会自己找上门来。

7.放弃

如果你经历一点挫折就放弃了,那么你就可能总是面临痛苦。

如果你心中总是有"如果当初那样就好了"的念头,你会总是陷在懊悔的情绪中。

有时候,做成一件事,达成一个成就,不在于你失败了多少次,而在于失败之后,你能不能再站起来,继续你所坚持的目标。

第七章

这些有害情绪,正在逐步吞噬你

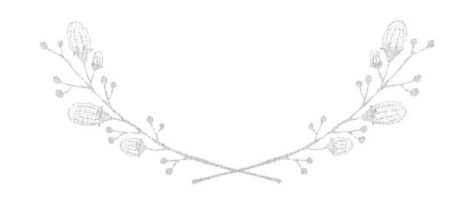

为什么我们会无缘无故地讨厌一个人

"我们所看到的世界,其实都只是我们内心世界的镜像。"

你有没有过这样的体验,当你第一眼见到一个人的时候,就对他有一个直观的感觉?喜欢或不喜欢,舒服或不舒服,似乎在第一眼的时候,就确定了你对某个人的感受。

或者你有没有过这样的体验,明明你对一个人了解不多,但是在知道他身上的某些特质,或者看到他的某些表现时,你就决定了是否和他继续交往?

虽然从客观的角度来说,前面的两种情况似乎是不可思议的,但是这些情形每天都在我们的生活中发生着。也许是在公交车上你看到一个年轻人没有给老人让座,于是你对他心生鄙夷,但是你不知道他那天脚扭伤了,行动不便;也许是一个人在开会的时候睡着了,于是你觉得他工作态度不端正,但是也许他前一天加班到很晚,一直在工作。我们总是很容易把我们看到的当作现实,但我们看到的可能只是我们内心的投射。

投射是一个心理学名词,指的是我们把自己内心的一些想法、感受、特质等，投射到另一个人身上。在投射的过程中，我们会把别人"当作"自己。

投射通常是作为一种心理防御机制被大多数人运用的。我们把自己难以接受的部分投射到别人身上，这样我们就不需要面对"自己是不好的"这样一种负面感受。

比如，你很担心自己发胖，花了很多精力维持体型。于是在见到一个身材臃肿的人的时候，你可能会觉得他是懒惰的、不思进取的。客观上说，可能他不一定是你想象的样子，但是你之所以有这样的感受，也许是因为你不想面对自己也像想象中的他那样懒惰。也许维持体型，让你觉得很累，你也很想"放纵"，但是自己不允许。在这里，投射是为了避免承认自己也想懒惰的防御。

再如，在你看到一个人取得了优异的成绩时，也许你会觉得他是靠作弊取得的。事实上，他可能没有作弊，但是你这样想也许是因为如果你承认他取得了好的成绩而你没有，那么你就必须面对"自己是无能的"这个糟糕的念头。在这里，投射是为了避免承认自己无能的防御。

如果我们能时常对自己的投射保持察觉，就能更加清楚地认识现实是什么样的。如果我们能分清客观现实和心理现实的差异，也许我们就能避免一些不必要的烦恼和痛苦。

咨询案例

婵婵，女性，20岁，大二学生。

第七章
这些有害情绪，正在逐步吞噬你

婵婵因为在学校和宿舍的同学关系紧张来到了咨询室。

第一次咨询，婵婵在咨询室中向我控诉了她的室友。整天攀比，从她们用的护肤品是什么牌子的，到男朋友送的礼物值多少钱，再到父母是做什么的，担任什么职位，甚至连走在路上有多少男生看她们都要比较。婵婵很不喜欢宿舍的氛围，她觉得在这些朝夕相处的人里，没有一个人是她的朋友。

婵婵说自己就是看不惯她们，整天比来比去，也不做点儿正事。我问她什么是正事，她告诉我，比如好好学习，拿到奖学金，或者去勤工俭学之类的才算正事。所以婵婵除了上课的时间基本上不在宿舍休息，她最常去的地方是图书馆和大学生活动中心。前者是因为她可以在那里读书和复习功课，后者是因为她能在那里找一些课余的兼职。

其实，在我看来，婵婵的家庭条件是不错的，至少婵婵身上穿的衣服，还有她的谈吐不像是一个从小生长在贫穷家庭的孩子。所以我不太清楚为什么她对攀比如此敏感。但是在第一次咨询的时候我没有问她，而是更多地听她讲。其实我有一个期待，我在等她自己说到重要的部分。

就这样，我们进行了七八次咨询，在这个期间，婵婵谈到自己的家庭。和我猜测的一样，婵婵的家庭还是比较富裕的。这就更让我困惑了，我不太清楚她经历了什么，让她看起来如此"努力"。

直到婵婵和我说到，虽然每个月家里给她的钱不少，但是她依然想要更多。似乎在她那里，钱是不够花的。婵婵说到小时候的一件事情。她说在小学一年级的时候,她想买一个洋娃娃,但是爸爸不想给她买,于是爸爸告诉她挣钱很不容易,让她长大之后自己挣钱买。这句话一直留在婵婵的脑海中。

在婵婵的心里,她始终觉得,一个人是不能完全依靠别人的,只有自己能够满足自己。所以她让自己这么努力。这当然给她带来了好处,至少她从小到大一直都很"懂事",是家长们口中"别人家的孩子"。但是这好像也给婵婵带来了一些困扰,事实上,很多时候,婵婵都不知道自己在干什么,不知道自己的努力是否有意义。好像她只是在证明,自己不需要依靠别人。

在来咨询之前,婵婵刚和男朋友分手,而分手的原因是男朋友送给婵婵一条项链,但是婵婵在收下礼物之后,按照那条项链的价格,把钱转给了男朋友。这让男朋友的自尊心很受打击,他们大吵了一架,于是婵婵提出了分手。

有一次咨询,我和婵婵说:"记得在我们刚开始咨询的时候,你提到很不喜欢舍友们攀比的样子。好像她们不是在依靠自己,而是在依靠别人,而她们炫耀的东西,也都不是凭她们自己得来的。如果换一种攀比的方式,比如她们和你比谁做兼职赚的钱多,你还会觉得不舒服吗?"婵婵沉思了一会儿,说那样的话自己可能就不会那么反感舍友了。

在婵婵的反应中,我似乎感到她不是不想依靠别人,而是她没有体会过有一个人能够让她依靠。也许她在不断"努力"的时候,也感觉很累。我把我的想法告诉了婵婵,而婵婵听到我说她可能也感觉很累的时候,眼泪瞬间就止不住地流了下来。

婵婵后来说自己终于明白为什么有时候会感觉自己做的努力是毫无意义的，其实一直以来，懂事的样子都不是她真的想要的，她真正想要的是别人的呵护，是自己可以有一个人依靠。但是当有一个人愿意让她依靠的时候，她又不相信那是真的。于是她在这样的循环中反复折磨自己。

在意识到她对别人的感觉，实际上是对无法接纳的自己的部分的投射之后，婵婵开始试着做出一些改变。比如她试着和男朋友道歉，把自己当时的感受告诉了他。男朋友原谅了她，也和婵婵说了自己的感受。经过这样的沟通，他们重新在一起了。

在尝到改变的甜头之后，婵婵说她也想这样去和舍友交流，可能她的改变，也会让自己和舍友的关系变得不一样。

在和婵婵的咨询中，我没有第一时间把我的分析或者解释告诉她。一方面，我不能很确定，事实就是我看到的那样；另一方面，咨询中的诠释需要一个恰当的时机。而这个时机，是婵婵开始意识到自己问题的时候。只有在那个时候，心理咨询师的反馈才是有效的。

怎样消除对别人的偏见？

1.也许你曾经在别人口中听到的对一个人的评价和你相去甚远。如果你想知道你对他的感觉是不是偏见，也许可以仔细体会一下自己的感受。

2.回想在你的生活中,是否有别人曾给你同样的感受。

3.如果有,也许他们身上有某些特质是一样的。

有时候我们会被自己的惯性思维控制,对我们印象中的某些特质"执迷不悟"。

4.也许你对这个人的认识,只是对某种想法和态度的重复。

5.告诉自己,每个人都是不同的个体,他们都不是完全相同的。

自我康复训练

1.在你的生活中,你有过第一次见到什么人,就对他有一个主观印象,而且这种印象从未改变吗?

_____

2.你有没有听过别人对这个人的评价?

_____

3.别人和你的评价一样吗?

_____

4.如果你与别人的看法不一样,你觉得谁的评价更客观呢?

_____

5.你是否对类似的人会有类似的评价?

_____

6.你觉得在你的评价中,你喜欢或者不喜欢的是这个人身上的什么特质?

第七章
这些有害情绪，正在逐步吞噬你

7.你的喜好是被你的过往或者你自己的价值观所影响的吗？

8.如果让你重新评价一个人，你会有什么新的不同的看法？

为什么别人成功的时候我们不好受

"乞丐不一定会嫉妒国王,但是很有可能嫉妒比他收入更好的乞丐。"

嫉妒是日常生活中很常见的一种情绪,同时也是人们很不愿意承认的一种情绪。在大多数人眼里,嫉妒意味着低人一等,意味着没有素养,意味着自己是个失败者。但即使不承认,这种情绪也存在,并且因为你不想面对,它还会一点点地吞噬你。

从表现形式来说,嫉妒分为三种:消沉型嫉妒、敌对型嫉妒和适应性嫉妒。

如果一个人因为看到别人的成就比自己高,于是他开始自我攻击,进而失去继续前进的动力,那么这是消沉型嫉妒。在这种情境下,人们常常会说,与别人相比,我是个失败者。

如果一个人因为看到别人成功而心生怨恨,甚至会因为别人的失意而幸灾乐祸,那么这是敌对型嫉妒。在这种情境下,人们常常会说,别人是通过不正当手段获得成功的。

如果一个人因为看到别人的成就,开始反思自己,并且能在别人的成功经验中习得一些积极的部分，让自己也朝着成功的方向前行，那么这是适应性嫉妒。在这种情境下，人们常常会说，他真厉害，我得向他学习。

事实上，虽然嫉妒在日常生活中很常见，但是我们嫉妒的对象对于我们来说一般不是遥不可及的。你可能不会嫉妒一个诺贝尔奖得主，但是你周围的同事、朋友、兄弟姐妹很有可能成为被你嫉妒的人，假如他们取得了一定的成就。而非适应性的嫉妒，不仅会对我们的身心造成不利的影响，也会影响我们的人际关系。

如果我们能用一种积极的态度去面对我们的嫉妒情绪，比如把消沉型嫉妒和敌对型嫉妒转化为适应性嫉妒，不仅有益于我们自身的发展，也能改善我们和周围的人的关系。

咨询案例

阿贞，女性，36岁，某公司项目组副经理。

阿贞10年前就进入了现在这家公司，一直兢兢业业。领导把她的表现都看在眼里，对她很器重。她非常努力，为了工作，其他的事情都不顾了。她几乎没有度过一个完整的假期，为了工作可谓"鞠躬尽瘁，死而后已"。

阿贞的人际关系处得很不好，她在公司几乎没有什么朋友。这听起来很不可思议，但事实确实如此。因为阿贞努力工作，所以得到领导赏识；因为领导看重阿贞，所以其他同事的机会都被阿贞"抢"走了。每次项目组的会上，阿贞都会得到领导的表

掌控你的心理与情绪
高情商者如何自我控制

扬,她的奖金也是整个项目组最高的。这引起了其他人对阿贞的嫉妒,虽然一开始这没有对阿贞造成什么影响,因为她似乎不在乎同事对她的看法,而且因为领导的赏识,她在不断地升职加薪。

工作没几年,阿贞就升到了项目组副经理的位置,整个组里,除了她的直属上司,她就是最大的话事人了。最近,阿贞的领导要退休了,这样经理的位置就空出来了。本来在大多数人眼里,阿贞是最有可能接任这个职位的人,但最后的结果是和阿贞同为副经理的另一名同事接任了经理的职务。

虽然没有升职,但是阿贞也没有多难过,毕竟在一个小城市的小公司里,还是很看重资历的。但是,新的领导上任之后,阿贞的日子不好过了。

在老领导退休离开公司之后,公司里关于阿贞的风言风语开始流传。有的人说阿贞是靠巴结老领导上位,但是老领导走了,她就没有靠山了;有的人说她以前在工作中都表现得很目中无人,现在应该回到现实了。

一开始阿贞还觉得没什么,毕竟自己又不是真的像别人说的那样,但是随着时间的推移,周围的同事们都对她指指点点,阿贞开始受不了了。没过多久,阿贞就从公司离职了,回到家一闲下来,她就陷入了抑郁的状态。

从公司离职之后,阿贞预约了我的视频咨询。在第一次咨询的时候,她就和我讲了上述这些情况。看起来,阿贞所经历的事情都是因为同事对她的诽谤。但是她会遭遇这样的事情,也许有一些她

第七章
这些有害情绪,正在逐步吞噬你

自身的原因。当然,我不会在第一次咨询就这样和她说,因为这样的话听起来像是对她的指责,而她在这时最需要的是支持。

在那之后我们进行了十多次咨询。我了解到从小到大阿贞都被老师、家长喜欢。她的成绩不总是拔尖的,但她总是最努力的,也是最让老师、家长省心的。但是,从小到大都那么懂事,她得活得多累啊!

阿贞下面有两个弟弟,作为家里的老大,阿贞从小到大就被要求懂事,而且因为她是女孩,又生活在一个重男轻女的家庭中,努力学习改变自己的命运是她唯一的出路。在她人生的前30多年里,努力与奋斗一直都是她生活的主旋律。直到她被逼无奈从奋斗了十多年的公司离职,她都不明白,为什么自己努力也有错。

从现实的角度来看,也许阿贞在职场中的做法并不合适,如果她想要升职,确实需要和同事处好关系。但是如果站在阿贞的角度来看,她一点都没有错。她只是在按照自己一贯的模式生活。她希望自己更加优秀,以致她忽略了那些对于她来说没那么重要的东西。

在后面的咨询中,阿贞一直在和我讲小时候的事情,我也静静地听她讲,在合适的时候给她一些支持。其实,虽然阿贞是因为遇到了一些现实的事情来咨询的,但是对于她来说,更重要的是那个总是对自己不满意、不敢让自己闲下来的执念。

在辞职之后,阿贞终于可以让自己不用那么努力了。她安心在家享受了一段时光,她有更多的时间去陪女儿,有更多的时间像其他女性一样,追追剧,逛逛街。大概半年,阿贞说那是她生命中最舒服的时光。

半年以后，阿贞有了很大变化。她创建了自己的公司，不过她不再像以前那么固执，而是站在一个更高的角度去看曾经的自己。

怎样缓解对别人的嫉妒情绪？

1.也许当你看到别人成功时，会觉得别人认为你是一个失败者。告诉自己，别人都在想自己的事情，没空关注你。

2.也许你看到别人在某一个方面获得成就时，会对比自己，觉得自己什么都很差劲。告诉自己，你也有优秀的地方，你的很多部分都比别人优秀，只是"术业有专攻"而已。

3.也许你看到别人成功时，会觉得自己现在的努力毫无意义，因为你没有取得和别人一样的成就。告诉自己，你的每一份努力都不会徒劳无功，现在只是时机未到。

4.也许你看到别人成功时，会觉得自己很差劲。问问自己，你真的没有取得过一些成就吗？其实你也很优秀。

自我康复训练

1.你有过被嫉妒的经历吗？

2.在被别人嫉妒的时候,是否有人曾经恶意中伤你?

3.当时你的感受是什么?

4.现在回想起来,你还有类似的感受吗?

5.如果让你重新选择一次,你依然会让自己做得很好,以致被别人嫉妒吗?

6.你想对那些嫉妒你的人说些什么?

负面情绪下，不要轻易做决断

"绝对的理智是一件很可怕的事情，但是不理智，会让我们失去更多。"

你试过在不理智的情况下做出决定吗？那个结果是你想要的吗？

在生活中，我们会遇到各种各样的事情，也会有各种各样的情绪。有的事情让我们开心，有的事情让我们难过，但是不管何种情绪，对于人来说都是暂时的。但如果我们在这些暂时的情绪中做一个决定，也许这个决定会让我们接下来的人生买单。

在情绪中我们可能会做出一些后悔的决定，因为处在情绪的旋涡里，我们的理智是被吞噬的。也就是说，那个时候我们处在冲动的状态下，而在冲动中所做的决定，往往不会达到我们想要的效果。

其实，任何情绪都会对我们的行为和决断有影响，即使这些情绪和我们即将做的行为并无关联。举个例子，你在工作中遇到一件让你感到愤怒的事情，那么回家之后你可能会因为伴侣一句无心的话而借题发挥，把你未表达的愤怒指向伴侣。如果这个时候伴侣也有一些情绪，那么你们接下来面对的可能是一场争吵，比日常的争吵更加激烈。如果事后没有冷静地沟通，那么也许这种模式会在你们的生活中不断发生。

人的情绪记忆可能非常短暂，但是对行为的记忆是印象深刻的。也许在上述例子中，你已经完全不记得当时为什么争吵，但是会记住争吵这件事。而争吵作为你在当时情境下做出的决定，很有可能一直在你们的关系中延续，进而形成你们生活的剧本。负面情绪导致争吵，争吵又导致负面情绪，不断循环，进而破坏关系。

也许我们会想当然地认为自己的决定都是经过思考的，但是事实上，大多数时候我们的决定都受到情绪因素的影响。这是一种认知偏差。

如果我们能在做决定之前，让自己冷静下来，也许那个时候的决定会导致我们真正想要的结果。

咨询案例

小云，女性，28岁，某公司运营专员。

小云在一家互联网公司做运营相关的工作，说是运营，其实大多数时间小云都在干一些"杂活、累活"。地推需要人，领导安排小云去；和难缠的客户沟通，领导安排小云去对接；运营团队出了差错，领导让小云"背锅"。小云的这份工作让她感到身

掌控你的心理与情绪
高情商者如何自我控制

心俱疲。

在我第一次见小云的时候，她就在咨询室里痛斥了领导的刁难。她觉得领导是在针对自己，就因为之前有一次她和领导顶嘴了。从那以后，领导对自己的态度好像就变了。以前，自己还算受领导的器重，但是后来自己就离开团队的核心圈子了。

也许事实和小云说的一样，因为她对领导的顶撞，领导对她的态度发生了转变。但是当我问到那次顶撞的具体情况时，小云却开始转移话题，好像这其中另有隐情。

小云不讲，我也没有继续追问。在后来的咨询中，小云会谈到一些与工作相关的事情，也会谈到一些自己的生活，我大多数时候都只是在听，偶尔会共情她的感受。这个阶段是咨询的必经阶段，如果没有这样一个阶段，也许小云无法完全信任我，也就无法无障碍地说出导致现在的情形的真正原因。

在进行了七八次咨询的时候，小云又谈到领导对自己的刁难，我问她，当初发生了什么让领导对她的态度有所转变。这一次，小云依旧显得有些挣扎，不过她沉默了一会儿，选择了和我说当时的情形。

那天早上，小云和男朋友吵了一架，心情很不好，于是在上班的时候显得无精打采的。领导给她分了一项工作，小云却显得很不耐烦，于是领导有点生气，批评了小云。那个时候，小云感觉特别委屈，就冲着领导大吼起来。领导没有继续说她，而是离开了。从那以后，小云就觉得领导在针对她。

事实上，在这件事情里，我们很难说谁对谁错。如果从情理的角度来看，小云当时处在情绪里，确实需要一些时间冷静，这个时候领导对她发脾气，小云肯定会很不舒服。但那是一个工作的情境，小云把领导"当作"了男朋友，冲他吼了起来，所以小云是冲动的。虽然她知道自己不应该这样，但她还是这样做了。至于后来，小云似乎"习惯"了这样和领导相处，小云和领导的关系变得紧张起来。

我和小云说了我的反馈，小云不太想接受这种解释，但是她找不到其他更合理的解释。在我们后来的咨询中，她开始进行一些反思。她开始慢慢在工作中尝试和领导沟通，并为她之前的冲动道歉。她的心中依然有一个疙瘩，但是随着时间的推移，那种不适感变得越来越少了。

过了几个月，小云告诉我她换了一家公司，而经过对之前与领导相处的思考，现在她能更加专业地面对工作了。

如何做出更合适的决策？

1.在你做一个决定之前，你要先问自己几个问题。

你确定自己想到了所有的可能性吗？你确定自己的决定没有被情绪影响吗？你确定自己的决定是你最想要的吗？

2.如果上面的问题你都是确定的，那么我们重新分析一下当下所面临的问题。

在当下所面临的情境中，你觉得你的决定可能让你有什么收获，又需要你付出什么。如果把收获和付出进行对比，哪一个是你更想要的。

3.重新看待你的决定，评估自己的动力和实现的难易程度。

你需要明确地知道，你要做的事情是不是你真心想做的，这对于你来说是否困难。

是否真心想要做，决定了你是否会为此努力；达成这个目标是否困难，决定了你是否会在过程中放弃。

4.如果你的决定真的是你想要的，并且它对于你来说不是很难，就大胆地去实现它吧。

自我康复训练

1.你最近一次做过的很重要的决定是什么？
_____

2.现在回想起来，你觉得自己当初的决定是正确的吗？
_____

3.如果你的选择没有让你现在更好，你会后悔吗？
_____

4.你能回想起来，在做这个决定的时候，你的心情是怎样的吗？
_____

5.你觉得你的决定有没有受当时情绪的影响？
_____

6.现在，如果让你重新做那个选择，你会怎样做？

_____

7.如果以后遇到类似的情境，你会有什么不一样的做法吗？

_____

掌控体验：消除那些无力感

"是面对挫折产生的无力感，而非挫折本身，让人失去了前进的动力。"

我想人生在世，大多数人都曾遇到一些挫折。有时候，我们可以对此毫不在意，拍拍身上的尘土，继续前行。但有时候，有些挫折让我们无法摆脱，于是我们心生无力，不知道该如何让自己重新鼓起勇气，继续奋斗。

有人说成功的秘诀是失败了100次就再尝试第101次，这样说也没错。但是忽略一个人的内部心理状态，而只谈客观情况，实在有些"何不食肉糜"的感觉。

事实上，让一个人意志消沉、无法继续努力的原因，不是失败的事情这么简单。每个人都可能面临失败，但不是每个人都会放弃。一个人放弃自己的坚持，很多时候是因为挫折带来的无力感。

遇到挫折的时候，可能我们还无法确定怎样才能让事情更加顺利，这个时候很容易产生无力感。无力感来源于无法控制未来。无论做什么都无法改变现状，无法让事情朝着我们期待的方向发展,在这种情况下,人会本能地产生一种"天地浩大,而我如此渺小"的无力感。

要克服无力感其实很不容易,因为很多客观情况不因人的主观意志转移。无力感虽然是一种心理底层的情感状态,但我们依然可以通过一些方式让自己试着变得"有力"起来。前面我们提到无力总是与失控有关,如果我们能体会到更多的对自己和生活的掌控感,无力感也会消退一些。

有心理学家曾经在养老院做过一个实验。实验人员把老人们分为两组,其中一组,实验人员告诉他们可以自由地选择如何布置自己的房间,是否养一些植物,在哪天去看电影,等等。这一组老人接收到的信息是,他们有能力也有责任照顾好自己。

另一组老人,实验人员告诉他们所有的事情都已经被养老院安排好了,他们只需要尽情地享受养老院的安排。

这个实验进行了三周,在这三周内,实验人员会继续分别对这两组老人重复之前说过的信息。

三周之后,通过对这两组老人的测评,实验人员发现:被告知有更多的自由、能够掌控自己生活的老人,比另一组体会到更多的快乐,也更加富有活力。

要体会到对人生的掌控感,需要有一些量化的、可观测的标准来帮助我们确认对人生的掌控。比如,每天做10个俯卧撑,那么一段时间后,你会明显地感觉到你的上肢力量增强了;比如,每天背一小段英文,那么一段时间后,你会发现自己的词汇量和语感提升了。这些指标都是可测量的,也更能让你增强对掌控感的体验。

咨询案例

小智，男性，19岁，高三学生。

小智来咨询室的时候，大概是他高三第一学期的第一次月考之后。小智从小学习成绩就不错，高中也在市里的重点中学就读。但是临近高考，他的压力很大。他开始觉得自己有些力不从心，明明已经很努力了，但是学习成绩忽高忽低，对此他很焦虑。

我第一次见小智的时候，看到他的眼睛充满血丝，嘴角有些干裂，似乎很久没有休息好的样子。在小智坐下之后，我能明显地感觉到他焦虑的状态。他的双腿时而不自然地交叉在一起，时而打开，身体弓着，似乎随时准备跳起来的样子。他反复摆弄着手指，时而张开手掌，时而握拳，双手微微颤抖着。

第一次咨询，小智连珠炮般地和我讲了他的焦虑。因为到了高三，他非常紧张。第一次月考的成绩下来了，他比之前退步了12名，他无法平静下来，也无法让自己继续学习。每次看书的时候，他的脑海里都会浮现出自己高考失利的画面，那让他无法继续专心学习。

面对考试，尤其是高考这个十分重要的考试，大多数人都会感到焦虑，这很正常。但是小智觉得自己的焦虑是不必要的，是庸人自扰。于是他越告诉自己不要焦虑，就越焦虑。而且，在来咨询室之前，他从未向别人说过自己的焦虑，即使别人看他的状

第七章
这些有害情绪，正在逐步吞噬你

态不对劲去关心他，他也闭口不谈自己的感受。

在第一次咨询快结束的时候，我对他说："我看你挺焦虑的，但是似乎你觉得这些焦虑是没必要的，不允许自己焦虑。其实焦虑是一种正常的感觉，而且，如果面对高考你都不焦虑，那么你要把焦虑留到什么时候呢？"这句半认真半调侃的话让小智笑了起来，我看到他的身体放松了一些。

在后面的咨询中，小智和我说了他的焦虑的来源。小智觉得自己每天都在认真学习，但是学习的效果很差。尤其是在第一次月考失利之后，他开始觉得自己的努力都是白费的。他产生了一种无力改变现状的感觉，他想要放弃。内心有一个声音告诉他，不能放弃，只要努力就会有收获；但是还有另一个声音告诉他，不要努力了，再怎么努力也没用。在这两个声音中，小智体会到无尽的矛盾和挣扎。

小智的想法在认知疗法的框架下，是典型的非黑即白和以偏概全的信念。他觉得事情的发展除了好就是坏，他觉得既然他的努力现在没有看到效果，那么以后也不会有效果。针对小智的情况，我给他布置了一个作业。我告诉他，每天晚自习之前去操场上跑两圈。一方面，运动可以从生理上缓解一些焦虑的状态；另一方面，他也能在这件事情中体会到对自己身体的掌控感，因为持续的运动能让他的身体素质更好，而且只要坚持下去，这种改变是肉眼可见的。

后来的每一次咨询，我们都专注于谈论他完成我布置的任务的情况，以及在这个过程中他的感受。

经过一段时间的咨询，小智对我说，他意识到只要自己真的努力去做一件事情，是会有效果的。内心那个只要努力就会有收获的声音越来越大，逐渐压过另一个消极的声音。在那之后，小智的焦虑状态缓解了很多。

怎样拥有对人生更多的掌控感？

1.也许你会遇到一些挫折，你会抓着这些挫折带给你的无力感不放，你觉得任何努力都改变不了现状，所以你想要做一条咸鱼。

2.告诉自己咸鱼也有梦想。你可以制订一个关于你想要完成的目标的计划。

制订计划的第一标准是你可以完成，并且对于你来说不困难。

举个例子，如果你想要背单词，那么不要告诉自己每天要背二三十个，你可以把大的目标进行拆分、再拆分，直到你做起来不费力。即使你每天只背一个单词，只要能坚持下来，都比你开始的时候一天背二三十个单词，而无法坚持下来有效得多。

3.制订一个奖励的措施，在你完成一个阶段性目标的时候给自己一些奖励。

把你的目标分为最终的目标和每一个阶段性的小目标。每当你完成一个小目标，就要及时给自己一些正向的反馈。比如，你可以奖励自己一件很想买但之前不舍得买的衣服。

4.把你成功的经验和周围的人分享。

如果你能在取得一些小的成绩的时候,告诉身边的人,并且得到一些正向的反馈,这对你继续完成接下来的目标会有很大的促进作用。

5.经常鼓励自己。

即使你还没有取得优异的成绩,也不要否定自己。时常给自己一些鼓励,那和别人对你的赞许类似,能帮助你更好地完成目标。

自我康复训练

1.最近你有对什么事情感到无力吗?
_____

2.你是否经常会有无力的感受?
_____

3.如果有,你一般会在什么类型的事情中感到无力?
_____

4.冷静看待自己,你有解决当前困境的能力吗?
_____

5.问问你身边的人,他们和你有相似的观点吗?
_____

6.你曾经在什么时候有过成功的体验?
_____

7.那个时候你是如何取得成功的?
_____

8.你的成功体验是否可以复制？

9.现在重新回过头来看看你所面临的困境，你有没有什么新的计划？

10.你打算如何实现它？

被讨厌的勇气：一次找寻自我价值的探险之旅

"世界极其简单，人们可以随时获得幸福。"

上面这句话出自日本作家岸见一郎、古贺史健所著的《被讨厌的勇气》。正如其主要理论基础阿尔弗雷德·阿德勒心理学[1]认为的，人的不幸都是自己主观选择的结果，只要改变了我们对所经历事件赋予的意义，每个人都能获得幸福。而获得幸福，其实需要人有一种被"讨厌"的勇气。

我们先来看一个问题：你所体验到的负面情绪，你觉得它们是怎样产生的？

对于这个问题，不同的人会有不同的答案。但是我想大多数人想到的答案可能是，因为老公忘了我们的结婚纪念日，所以我很生气；我明明很努力工作，领导却只看到最后不好的结果，我很委屈；在我需要鼓励和支持的时候，父母忽视了我的需求，所以我很无助……所有这些回答，其实都指向虚无主义[2]：人类的存在本身是没有意义的，外界的刺激决定了我们的体验。在这种原因论中，往往将外界刺激与个体体验一一对应，忽略了个体的主观能动性，是变相的决定论。

而实际上我们内在心理的运作方式与原因论恰恰相反，往往是在我们有了一个体验之后，才会在生活中"创造"机会，做出与之匹配的行为。我们尝试换一个角度来回答上述问题：因为我对老公很生气，但是直接表达我对他的愤怒好像显得有些不可理喻，于是我得找到一些事情让我的愤怒表达得合理，恰巧他忘了我们的结婚纪念日，这是我表达愤怒的一个好时机。

在这样的心理过程中，我们关注的不是外界的刺激，而是自己内在的感受。换句话说，是我们决定了自己的表达和事态的发展，而不是被外界刺激牵着鼻子走。

咨询案例

小诺，女性，29岁，演员。

"我总是感觉过得不幸福，总是感到不幸。我不知道为什么，明明我的生活和别人没有什么差别，但是看着别人笑得那么开心，我就是笑不出来。"这是小诺第一次咨询的时候和我讲的话，让我印象十分深刻。

小诺在一个普通的家庭长大，在她人生的前20年，她过得挺开心的，虽然家里不是大富大贵，但是每天的小日子也有滋有味。但是自从她被一个导演看中步入演艺圈，生活就发生了翻天覆地的变化。她发现自己离原来的生活越来越远，而每次即使抽时间回家，和父母的共同话题也少了。又因为她的背景普通，在

第七章
这些有害情绪，正在逐步吞噬你

工作上没有交到什么朋友，小诺一度陷入了抑郁的状态。

她说她怨恨自己生在一个普通的家庭，如果生在一个经济状况更富裕的家庭，她就可以和身边的人有更多的共同话题，也不会因为工作的性质和家人产生过多的疏离感。

在别人看来，小诺的生活是非常幸福的。作为演员，她一路顺风顺水，几乎没有遇到挫折。但她总是担心有一天自己会失去这一切，所以无法享受现在的生活。在咨询室里，我遇到过很多像小诺这样的人，他们的生活在外人眼里简直是典范，但是他们往往不觉得自己过得有多好，或者说他们不敢感到幸福。

从原因论的角度来说，从小所处的环境影响了小诺对外界事物的看法，她逐渐认同了一直以来的生活模式，觉得自己的生活就应该是这样的。我们无意识地给自己画地为牢，把自己困在原点。而当我们跨出那个圈的时候，心里难免会有所担心，我真的能过得更好吗？如果一切都是镜花水月，随时可能失去怎么办？如果有这样的心理顾虑，个体可能就真的没有办法幸福了。于是，一部分人因为害怕得到的美好终会失去，长大之后成了父母的翻版。

其实每个人在成长的过程中，都会留下很深的原生家庭的印记，所以通常我们看一个人的外在表现，就能大致了解他的家庭是什么样的。这种印记是我们和原生家庭的连接，我们通过这种连接保持和父母的亲近。但是有的时候，这种印记会对我们的生活产生束缚，如果我们一直活在旧的模式里，那么一旦步入和原生家庭不一样的新的生活，这两种模式就会在我们的内在产生冲突。甚至从某种程度上来说，选择新的生活模式，对于那个一直和原生家庭纠缠在一起、没有长大的孩子来说，意味着对原生家庭的背叛，对父母的背叛。

而被"讨厌"的勇气，实际上是我们可以应对这种内在的愧疚的勇气。如果我们内在对卓越的追求被激活，换一个角度来看待事情，相信我们值得更好的生活，那么我们在生活中得到的体验就会不一样。

在我和小诺的咨询过程中，我们花了一段时间来回顾以往的生活中发生的事件，确认她当时的感受，在厘清这个部分之后，我们对这些事件重新进行了诠释。在对过往事件的重新诠释中，小诺发现世界不像她以往想象的那样。

在咨询中，如果我和小诺说"你值得更好的生活"，这对于她来说没有意义。因为不相信，所以别人的观点进入不了她的内心。但是随着咨询的进行，当小诺有了对自己的觉察，当她说觉得自己值得更好的生活，我相信她是真的这样想的。

卡尔·荣格[3]说过一句话，我深以为然：**"你生命的前半辈子或许属于别人，活在别人的认为里。那把后半辈子还给你自己，去追随你内在的声音。"** 有时候，我们被外界的声音堵住了耳朵、蒙蔽了眼睛，看不到我们真实的内心。但是只要我们用心体验真实的内心，我们终将活成自己的样子。

塑造被"讨厌"的勇气,获得幸福

1.发现使你感到不幸福的事件,从中发现价值观。

认真看待你当前面临的痛苦,体验你的感受,这种感受实际上可以反映你的价值观。

2.找寻相关事件并重新命名。

回顾你的生活,是否有什么事情让你有过类似的感受?为你找到的"不幸"起一个新的名字。

3.从生命历程的角度重新看待这些"不幸",赋予其新的意义。

假设从更开阔的角度看待这些不幸,你会看到什么新的东西?这些新的发现中有什么积极的部分吗?

4.从积极的角度重新进行解释,在这个解释中体验自己的感受。

如果只看待积极的部分,你所经历的不幸会有什么不同?那个时候你的感受是什么?

5.带着新的感受和价值观应对以后发生的事情。

记住你全新的感受,并用这种感受解释你接下来遇到的生活事件。

🔑 自我康复训练

1.在你当下的生活中,最让你感到不幸的事情是什么?

2.在这件事情中，你的感受如何？

_____

3.是否曾经发生过让你有类似感受的事情？

_____

4.如果让你给这些事情以更开阔的角度重新命名，会是什么？

_____

5.重新描述你的生命故事，这次把你所经历的不幸事件替换成刚起的名字。

_____

6.你有没有发现什么新的积极意义？

_____

7.这些新的发现将会如何影响你接下来的生活？

_____

注　释

[1] 阿尔弗雷德·阿德勒（1870—1937）：奥地利精神病学家。人本主义心理学先驱，个体心理学的创始人，曾追随弗洛伊德探讨神经症问题，但也是精神分析学派内部第一个反对弗洛伊德的心理学体系的心理学家。他在进一步接受了叔本华的生活意志论和尼采的权力意志论之后，对弗洛伊德学说进行了改造，将精神分析由生物学定向的本我转向社会文化定向的自我心理学，对后来西方心理学的发展具有重要意义。

[2] 虚无主义：由弗里德里希·海因里希·雅各比（1743—1819）引入哲学领域。作为哲学意义，其认为世界，特别是人类的存在没有意

义、目的以及可理解的真相及最本质价值。

[3] 卡尔·荣格（1875—1961）：瑞士心理学家。1907年开始与西格蒙德·弗洛伊德合作，发展及推广精神分析学说长达6年，之后与弗洛伊德理念不和，分道扬镳，创立了荣格人格分析心理学理论，提出"情结"的概念，把人格分为内倾和外倾两种，主张把人格分为意识、个人无意识和集体无意识三层。曾任国际心理分析学会会长、国际心理治疗协会主席等，创立了荣格心理学学院。

【自我评估】贝克抑郁清单（BDI）

贝克抑郁自评量表（Beck Depression Inventory），由心理学家贝克编制于20世纪60年代，后被广泛应用于临床流行病学调查。该测试一共有两个版本，早年的版本为21项，其项目内容源自临床。后来通过一定时间的观察，一些严重的抑郁症患者无法完成21项评定，因此贝克于1974年推出了13项版本。在此，我们选用的是21项版本并稍作改动，你可以通过这个量表测出最近的抑郁状态以及严重程度。

你需要仔细阅读下面的每一道题，并选出你觉得最能反映自己最近几天状态的选项。

1.
 A. 我没觉得悲伤
 B. 我感到悲伤
 C. 我一直感到悲伤，无法摆脱这种感觉
 D. 我感到非常悲伤，已经无法忍受了

2.
 A. 我对未来有所期望

B.我对未来没有期望,过一天算一天

C.我觉得未来没有盼头,情况无法改善

D.我感觉未来会变得更糟

3.

A.我不觉得自己是一个失败者

B.我觉得自己比一般人要失败

C.我觉得以前的人生非常失败

D.我感觉自己就像一个废物,彻头彻尾的失败者

4.

A.我像过去一样,对现状感到满意

B.我不像过去那样欣赏事物了

C.我不再对工作、生活感到满意

D.我对什么事情都不满意,甚至感到烦躁

5.

A.我没有感到负罪感

B.我偶尔会感到负罪感

C.我在大部分时间都感到负罪感

D.负罪感始终伴随着我

6.

A.我没有感觉正在受到惩罚

B.我感觉自己或许受到了惩罚

C.我期望受到惩罚

D.我觉得自己正受到惩罚

7.

   A. 我对自己并不感到失望

   B. 我对自己感到失望

   C. 我不喜欢自己

   D. 我讨厌、憎恨自己

8.

   A. 我没觉得自己比其他人差

   B. 我因为自己的弱点和错误而对自己提出批评

   C. 我一直因为自己犯下的错误而责备自己

   D. 我为发生的所有坏事情而责备自己

9.

   A. 我压根儿没有自杀的想法

   B. 我曾经想过自杀，但是没有实施

   C. 我愿意自杀

   D. 只要一有机会我就选择自杀

10.

   A. 我不再像过去那样哭泣了

   B. 我现在比过去哭得多

   C. 我现在总是哭

   D. 我过去还会哭，但是现在想哭也哭不出来了

11.

   A. 我不再像过去那样容易被激怒

   B. 我比过去更容易被激怒

第七章
这些有害情绪，正在逐步吞噬你

C.很多时候我很苦恼或感到愤怒

D.如今我一直感觉很恼怒

12.

A.我一直没有对别人失去兴趣

B.我不像过去那样对别人感兴趣了

C.我基本上不对别人感兴趣了

D.我完全不对任何人感兴趣

13.

A.我像过去那样做出决定

B.和过去相比，我现在总是推迟做决定

C.和过去相比，我现在做决定更困难了

D.我不能再做出决定

14.

A.我没觉得自己比过去看起来更糟

B.我担心自己看起来老了，不再吸引人了

C.我感觉自己的形象总是在变化，已经变得不再吸引人了

D.我认为自己长得很丑

15.

A.我可以和过去一样工作得很好

B.需要加倍努力我才能开始工作

C.我需要费很大的劲才能做成一件事

D.我什么工作也干不了

16.

A.我和过去一样能睡

B. 我不像过去那样能睡了

C. 我要比过去早醒一两个小时,而且很难再入睡

D. 我要比过去早醒好几个小时,而且没法儿再入睡

17.

A. 我和过去一样精力充沛

B. 我比过去更容易疲劳

C. 我几乎做任何事情都会感觉劳累

D. 我很疲劳,什么也做不了

18.

A. 我的胃口和过去一样好

B. 我的胃口没有过去好

C. 我的胃口现在很糟糕

D. 我几乎没有食欲

19.

A. 我的体重最近没有减轻

B. 我的体重最近已经减轻了5斤多

C. 我的体重最近已经减轻了10斤多

D. 我的体重最近已经减轻了15斤多

20.

A. 和过去一样,我不担心自己的健康问题

B. 我会因为一些身体上的小毛病而感到担心

C. 我很担心身体出现的问题,很难再想其他事情

D. 我非常担心身体出现的问题,什么事也做不了

21.

　A.我对性生活依然有浓厚的兴趣

　B.我不像过去那样对性生活感兴趣了

　C.我现在已经很少进行性生活了

　D.我对性生活完全失去了兴趣

评分标准

本量表总分等于各条目分数之和。评分采用0—3分制，即A=0分，B=1分，C=2分，D=3分。

总分≤10分，恭喜你，你的状态很健康；

10分＜总分≤16分，存在轻度的情绪紊乱，稍加注意即可；

16分＜总分≤20分，处于临界抑郁状态，需要引起重视；

20分＜总分≤30分，处于中度抑郁状态，需要及时调整状态；

30分＜总分≤40分，处于严重抑郁状态，已经危及个人健康，影响工作与生活，请及时治疗；

总分＞40分，处于极端抑郁状态，你的状态非常危险，请尽快就医。

（测试结果仅供参考，不代表临床诊断）

【心理调节】摆脱消极情绪的6种习惯

我们在生活中难免遇到一些不顺利的事情,也难免产生一些消极的情绪。这些情绪很多时候会成为阻碍我们幸福的罪魁祸首,但是只要我们养成一些处理它们的习惯,可能大多数时候不需要我们主动去做些什么,情绪就会被自动地消化。

习惯1:停下你无止尽的辩论

也许你在遇到一件事情的时候,会有一些情绪。这个时候你也许会觉得命运不公,于是逢人就讲述自己怎样遭遇了苦难。可是这不能解决问题。如果你一直抱怨,那么即使有人理解你,也会被你的喋喋不休吓跑。停止辩论,停止抱怨,你可以试着从消极的情绪中找到一些积极的意义。

习惯2:别再找借口了,为你自己负责

每一次失利,人都能为自己找到各种各样的借口。但是,如果你一直为自己找借口,那么以后你可能会在类似的问题上面对更多的失败。试着停下来,不要再找借口了。你要为自己的行为负责,你所做的每个决定都是你自己的选择,没有人可以替你承担责任。如果你开始勇敢地面对自己,你会发现,生活开始变得不一样了。

习惯3：形成稳定的自我认知

有时候你可能会通过别人的评价来定义自己，也许那是因为你太在意这些了。因为你在意别人的看法，所以你会不断地让自己实现别人的期待。但是那很累，而且几乎不可能实现，你无法让每个人都满意。

如果你有一套完善的自我评价系统，如果你只是和自己比较，你会发现一切都变得不一样了。你的每一次努力都是为了让自己更加优秀，别人的看法对你的影响会开始逐渐减少。

告诉自己，你是在为自己而活。

习惯4：感恩生活中遇到的美好

清晨醒来和煦的阳光，走在路上拂面的清风，或者是你每天都在呼吸却忽略的清新空气，这些都值得被感恩。也许你忽略了很多生活中的美好，把目光放在一些遥不可及的期待上。可是，能自由地生活，这本身就是一件快乐、幸福的事情，不是吗？

习惯5：告诉自己"我可以"

把"我不行"从人生的字典中删除，告诉自己你可以做到任何你想要达成的事情。说不行很简单，但这样就错失了变得优秀的机会。摆脱给自己的限制，你可以过得比现在更好。

习惯6：对那些负面情绪说再见

紧抓着过去的负面情绪不放，会让你一直处在负面情绪的旋涡里。你应该试着排除过去对你的影响，告诉自己，随它去吧。如果每一天你都能以崭新的心态面对生活，那么生活也会回馈给你崭新的面貌。

图书在版编目(CIP)数据

掌控你的心理与情绪：高情商者如何自我控制 / 叶澉著. —北京：中国法制出版社，2021.10
ISBN 978-7-5216-2113-6

Ⅰ.①掌… Ⅱ.①叶… Ⅲ.①情绪—自我控制—通俗读物 Ⅳ.①B842.6-49

中国版本图书馆CIP数据核字（2021）第167578号

策划/责任编辑：杨 智　　　　　　　　　　封面设计：汪要军

掌控你的心理与情绪：高情商者如何自我控制
ZHANGKONG NI DE XINLI YU QINGXU: GAOQINGSHANGZHE RUHE ZIWO KONGZHI

著者/叶澉
经销/新华书店
印刷/三河市紫恒印装有限公司

开本/880毫米×1230毫米　32开　　　　　印张/9.25　字数/190千
版次/2021年10月第1版　　　　　　　　　2021年10月第1次印刷

中国法制出版社出版
书号 ISBN 978-7-5216-2113-6　　　　　　　定价：46.00元

北京市西城区西便门西里甲16号西便门办公区
邮政编码：100053　　　　　　　　　　　　传真：010-63141852
网址：http://www.zgfzs.com　　　　　　　 编辑部电话：010-63141832
市场营销部电话：010-63141612　　　　　　印务部电话：010-63141606

（如有印装质量问题，请与本社印务部联系。）